儿童版地球简史

岩石会说话

尹超 毛冰/编著 宋铭/绘

电子工业出版社
Publishing House of Electronics Industry
北京·BEIJING

未经许可，不得以任何方式复制或抄袭本书之部分或全部内容。
版权所有，侵权必究。

图书在版编目（CIP）数据

儿童版地球简史. 岩石会说话 / 尹超, 毛冰编著；宋铭绘. -- 北京：电子工业出版社，2023.4

ISBN 978-7-121-45151-5

Ⅰ.①儿… Ⅱ.①尹…②毛…③宋… Ⅲ.①地球科学 – 儿童读物 Ⅳ.①P-49

中国国家版本馆CIP数据核字（2023）第040439号

责任编辑：赵 妍 季 萌
印　　刷：天津画中画印刷有限公司
装　　订：天津画中画印刷有限公司
出版发行：电子工业出版社
　　　　　北京市海淀区万寿路173信箱　邮编：100036
开　　本：889×1194　1/20　印张：12.5　字数：176.75千字
版　　次：2023年4月第1版
印　　次：2023年4月第1次印刷
定　　价：188.00元（全5册）

凡所购买电子工业出版社图书有缺损问题，请向购买书店调换。若书店售缺，请与本社发行部联系，联系及邮购电话：（010）88254888，88258888。
质量投诉请发邮件至zlts@phei.com.cn，盗版侵权举报请发邮件至dbqq@phei.com.cn。
本书咨询联系方式：（010）88254161转1860，jimeng@phei.com.cn。

序言

都说"读万卷书，行万里路"，而地球科学工作者则是在"行万里路中"解读记载地球演化的万卷书。如果把各门学科比作一座座大厦，那么具体的知识就好比一块块砖头、一层层水泥、一条条木地板；而科学的思想、方法及科学的意义则好比大厦的钢筋结构。这套《儿童版地球简史》不过二百多页，但我们想通过这套书，将知识内在的灵魂呈现给孩子们，让他们懂得知识就蕴藏在生活中，和熟悉的事物都有千丝万缕的联系。

《矿物在身边》一册展现了十个生产、生活场景中所用到的矿物；《岩石会说话》一册用"石"的几个同音词来解析岩石；《我们哪里来》一册用倒叙的方式介绍我们的祖先在几十亿年的生命演化过程中经历的事情；《地貌面面观》展示了现代的重要旅游景观与地球演化的关系；《思想代代传》则展现了从古到今的各位先贤如何通过观察和实践给全人类呈现一个真实的地球。

参与本套书籍内容创作的是来自中国地质博物馆具有高级技术职称的专业人员。我们共同的心愿是通过这套书将科学的思想和方法传递给孩子们，让他们了解到科学的重要性。不论他们未来从事什么工作，这些思想和方法都将使他们受益。

目录
contents

什么是石头？ /6

 用"拾"解析"石" /7

用"蚀"解析"石" /8

 用"食"解析"石" /10

用"十"解析"石" /12

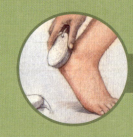 用"实"解析"石" /14

用"时"解析"石" /16

 用"识"解析"石" /18

 石头有多少种？ /20　　花岗岩 /22

举足轻重的花岗岩 /24

玄武岩 /26

金伯利岩 /28

火山凝灰岩 /30

砂岩 /32

泥岩 /34

石灰岩 /36

大理岩 /38

制作迷你地球史书 /40

岩石名片 /42

什么是石头？

　　石头，地质学家称为岩石，是天然形成的，是由矿物和其他物质组合成的固态集合体。汉字"石"起源于象形文字，虽然历经演变，但是今天的汉字依旧保留着原来的特点。石头是国画中常描摹的事物，也是文人把玩的艺术品。石是一个姓氏，也是许多汉字的组成部分，如岩、碳、磊、拓、矿等。石头是很常见的事物。那到底什么是"石"呢？下面我们就通过它的同音字来解析一下它。

用"拾"解析"石"

"拾"即拣拾。石头是自然界中常见的事物，在山谷、河岸边、干涸的河床中、山上的岩层露头旁可以捡到各种各样的石头，工地上、铁道边也可以捡到石头。收集天然、漂亮的岩石已经成为很多人的业余爱好和情趣。捡拾石头，防御野兽，制作成工具，在人类发展史上具有重要意义。

● 在温差大的地方，石头会因为热胀冷缩而破碎

石头虽然坚硬，但也经不起长期风吹、日晒、雨淋。暴露在外的岩石最终会因为自然的作用逐渐破碎或被侵蚀。这个过程便是风化。

用"蚀"解析"石"

● 流水对岩石的侵蚀作用也不可小觑。美丽的溶洞景观、著名的桂林山水以及神奇的石林都是流水对岩石侵蚀的结果

● 在干旱的荒漠区，在风的吹蚀下会形成美丽的雅丹地貌，例如阿拉善的风蚀蘑菇

用"食"解析"石"

石头和食物似乎毫不相干,有谁会吃石头呢?其实啊,石头和我们的饮食息息相关。

科学家曾在一些植食性恐龙的胃中发现石头。原来这些庞然大物真的会吞食一些石头,帮助磨碎植物纤维。此外,我们食用的瓜果蔬菜、粮食作物生长在土壤中,而土壤是岩石风化作用的产物。

不知你是否喜欢吃石锅拌饭,其实石锅就是用一种称为"麦饭石"的岩石制作而成的。人体需要很多矿物质,这些矿物质也来自岩石,通过饮水或种植的食物进入人体。

● 矿泉水中的矿物质来自岩石

● 石锅拌饭用的石锅是用麦饭石制成的

用"十"解析"石"

石头在地质学家的眼中就是矿物和其他天然物质的集合体。矿物是天然形成的晶体,有很多物理特性,其中硬度是非常重要的一个性质。截至2022年,世界上发现了近6000种矿物,它们有的很软,有的很硬。地质学家摩斯将这些矿物按照软硬程度划分为10个等级,岩石主要由矿物组成,那么岩石的硬度也介于1和10之间。

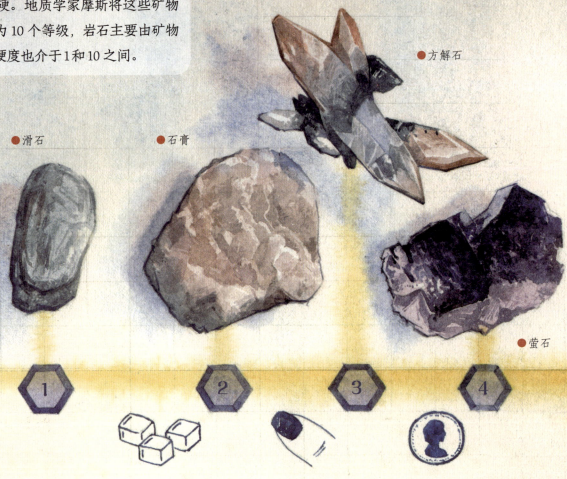

● 滑石
● 石膏
● 方解石
● 萤石

此外，数字十在中国传统文化中还有完美的意思，例如十全十美。我们都追求完美的生活，然而完美的生活离不开岩石，因为岩石给我们提供了实实在在的财富。

● 正长石

● 黄玉

● 磷灰石

● 金刚石

● 石英

● 刚玉

5　6　7　8　9　10

用"实"解析"石"

你知道吗？其实大部分岩石都是实心的。岩石给我们提供了实实在在的财富。工业原材料和生活用品，除生物制品和生物材料外，其余大多与岩石和矿物有关。

我们佩戴的珠宝玉石有的是矿物，有的是岩石。我们吃的盐及工业用盐很多都来自埋藏在岩层中的盐矿。我们用的搓脚石，是一种多孔火山岩。有的体育运动器材来自岩石，比如冰壶就是用花岗岩制作的。我们使用的化石能源，包括煤炭、石油和天然气，绝大部分储藏在沉积岩层中。

用"时"解析"石"

- 天津蓟县叠层石，元古宙，距今约10亿年
- 云南工蕨，泥盆纪早期，距今约4亿年
- 赫氏近鸟龙，侏罗纪，距今约1.6亿年
- 黄山花岗岩，白垩纪，距今约1.2亿年

我们的地球约有46亿年历史，生命的历史约有38亿年，恐龙生活在2.3亿~6600万年前。这些巨大的年代数字是怎么得出的呢？其实，地球的历史就记录在岩石中，科学家还在岩石中找到了记录地球历史的"时钟"：一些含有放射性化学元素的矿物。科学家通过放射性元素的衰变速率测定岩层的时间，从而列出国际年代地层表。

● 张家界峰林中的石英砂岩，泥盆纪，距今约3.8亿年

● 岩石圈是人类生存和发展的基础

我们生活在地球上，确切地说生活在地球的岩石圈上。我们要认识地球，就要借助岩石。因为研究岩石能够知道地球的物质组成，能够了解矿产资源的成因，也能了解地质灾害的发生规律。

用"识"解析"石"

● 防灾减灾需要研究岩石

● 探矿寻宝需要认识地球，需要研究岩石

石头有多少种？

世界上有多少种石头？恐怕地质学家也说不出准确数字。但是不论多少种石头，它们根据成因不外乎归于三大类：岩浆岩、沉积岩和变质岩。

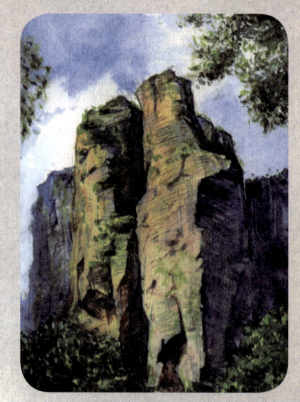

● 雁荡山山体为火山熔岩

岩浆岩

都说石头是冰冷的，但是很多石头都经历了异常的高温洗礼。就拿岩浆岩来说，它们的诞生是激情似火的。岩浆是熔融的地下物质，岩浆的温度可以达到上千摄氏度，别说是开水，就连炉子上的火苗相对于岩浆来说都显得那样"冰冷"。当然，岩浆的那份热度不可能永久保持，它会逐渐冷凝，形成各种岩浆岩。岩浆岩是在三大岩类中种类最多、分布最广的。岩浆岩还可以依据它们的诞生地细分成更多小类。如果岩浆在地下很深的位置就冷凝，那么就是深成岩；如果在地下较浅的位置冷凝，那么就是浅成岩；如果从火山口喷出，在地表冷凝，就是喷出岩。当然，还可以依据它们的组成成分分类，岩石中有一种被称为二氧化硅的化学成分，其含量也能确定岩浆岩的种类。

● 成层的沉积岩

● 泰山石——一种被称为片麻岩的变质岩

沉积岩

如果说岩浆岩的诞生激情似火,那么沉积岩的诞生则来自大自然亿万年的孕育。沉积岩是原先的岩石风化破碎后,经过风、流水的搬运又在地表堆积下来,再经过压实、胶结和成岩作用形成的。几乎所有的化石都保存在沉积岩中,而化石能源(包括煤炭、石油、天然气)也保存在沉积岩中。此外,沉积岩中还保存有古环境的信息,包括古气候变化、海陆变迁等,被誉为"记载地球历史的万卷书"。

变质岩

不仅食品能变质,坚硬的岩石也会变质。当岩石面临高温或高压的环境时,抑或与含有多种化学元素的热液接触时,都会导致岩石的变质。岩石变质的实质就是岩石的矿物成分或矿物排列方式发生变化,因此就变成了新岩石。

花岗岩

● 冰壶就是用花岗岩做的

常见的花岗岩

花岗岩在自然界中很常见,有的呈红色,似夕阳下的一抹彩霞,有的则呈灰色,给人以沉稳端庄之感。仔细观察,你会发现岩石上布满黑色的斑点,令人眼花缭乱,有些斑点在灯光下还会发出金光。花岗岩在我们的生活中也很常见,那些星星点点的墙砖和地砖,还有冰壶,就是用花岗岩做的。

颜色由谁说了算？

在放大镜下仔细观察花岗岩，我们会发现黑色斑点分为两种：一种发亮，在灯光下能闪金光，这便是黑云母；还有一种不能闪光，就是角闪石。此外，我们还能看到一些暗灰色或灰白色的斑晶，这便是石英。花岗岩呈红色还是灰色是由一种名叫长石的矿物控制的。长石分为钾长石、斜长石和正长石，其中钾长石呈肉红色，是红色花岗岩的主要组成矿物；斜长石和正长石则呈白色或淡灰色，是灰色花岗岩的主要组成矿物。

花岗岩的组成矿物

- 角闪石（暗黑色）
- 钾长石（肉红色）
- 石英（灰白色）
- 黑云母（闪光的黑色）

举足轻重的花岗岩

●古罗马斗兽场用花岗岩建成

●厦门鼓浪屿日光岩是一块花岗岩

●安徽黄山山体为花岗岩

●花岗岩制作的石马

花岗岩在人类历史发展的长河中扮演了重要的角色。在世界各地有许多用它建造的文化遗产，比如古希腊的神庙、古罗马斗兽场等。

花岗岩的身影

中华民族对于花岗岩的开发和利用可以追溯到约一万年前的新石器时代。此外，在许多帝王将相的陵墓、古代的石拱桥及佛教石窟造像中也能见到它的身影。新中国成立以后，花岗岩的开采加工得到迅速发展，应用领域不断扩大，天安门广场上的人民英雄纪念碑的碑心、南京雨花台的烈士群像、兰州"黄河母亲"巨型石雕都取材于它。

名山大川的奠基石

值得一提的是，花岗岩还造就了我国许多名山大川和优美的风景，例如安徽的黄山、厦门鼓浪屿的日光岩、山东的蒙山等，真可谓"功勋卓著"。

● 人民英雄纪念碑碑心是一块花岗岩

● 兰州"黄河母亲"像

玄武岩

和花岗岩一样,玄武岩也是一种常见并与人类生产生活密切相关的岩石。不同的是,花岗岩是岩浆在地壳深部冷凝形成的,玄武岩则是火山喷发后,炽热的岩浆在地表冷凝而形成的。

● 麻花状玄武岩

● 玄武岩火山弹

浮在水中的石头

玄武岩十分奇特，有的形成巨大的六方柱状，有的拧成一股麻花。很多玄武岩全身满是气孔，这些气孔是岩浆冷凝时气泡中的气体挥发出去留下的孔洞。气孔的存在使得岩石的密度很低，拿起一大块石头都不会觉得压手，有的甚至能浮在水面上。

● 玄武岩也是制作假山石的材料

金伯利岩

● 南非金伯利钻石坑

稀有岩石

1867年，在南非一个名叫金伯利的小镇，人们首次发现了蕴藏金刚石的一种母岩。这种母岩是一种岩浆岩，即金伯利岩。和常见的花岗岩和玄武岩不同，这种岩石太稀少了。据地质学家估算，金伯利岩在地表出露的面积不足岩浆岩出露总面积的0.1%。

严苛的条件

据地质学家研究,形成带有钻石的金伯利岩,需要岩浆在高温高压下突然爆破,之后迅速到低温低压的环境下才行。这样严苛的条件也决定了钻石这种最硬的宝石只能是世间的稀罕物。

● 南非金伯利地区开启了淘钻石热

● 带有钻石的金伯利岩

火山凝灰岩

灭顶之灾

还记得意大利的庞培古城吗？2000年前，这座繁华的古城遭到灭顶之灾。维苏威火山喷出的火山灰将整个城市掩埋。科学家在考古发掘时发现当年的火山灰已经成了现代堆积层。

窥探史前世界的钥匙

在历史的长河中,还有许多这样的"庞培古城"。现在的辽西是世界著名的化石宝库,约1.2亿年前,这里有一个美丽的大湖,湖中有成群结队的狼鳍鱼游弋。湖的上空不仅盘旋着翼龙,还有像孔子鸟、辽西鸟这些天空新贵。岸边还栖息着很多带羽毛的恐龙及早期的哺乳动物。但天有不测风云,强烈的火山喷发将它们集体埋葬,但也正因为这突如其来的灾难,它们的遗体被完好地保存在岩石中,这种岩石就是火山凝灰岩。由此形成的化石不仅骨骼完整,就连羽毛甚至皮肤都保存完好,为古生物学家窥探史前世界提供了一把钥匙。

● 产自我国辽西的很多化石保存在火山凝灰岩中

砂岩

美丽的沙雕

每年在世界各地的海岸边,艺术家们会制作各种沙雕。你可能会注意到,干沙是不能制作沙雕的,只有具有一定湿度的沙子才可以制作沙雕,并且在制作过程中要将沙子拍实,还需要不断往里注胶。

● 著名的张家界石英砂岩峰林地貌

酷似沙雕的砂岩

砂岩的形成酷似沙雕，只不过是在地下形成的。沙子被上覆的泥土等沉积物掩埋后被压实（就好像将沙子拍实），后来随着一些矿物质的充填（就好像往沙子里注胶），松散的沙子最终固结成岩。有砂岩分布的地方在远古时期可能有一条河流流过，也可能是海滩或沙漠。

● 著名的丹霞山为红色砂岩地貌

● 云冈石窟雕凿在砂岩上

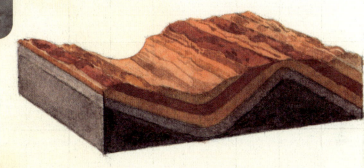

最好的艺术家

砂岩后来被抬升到地表，而大自然就是最好的沙雕师，通过风吹、日晒、雨淋等方式将砂岩雕刻成各种美丽的自然景观，例如美丽的张家界、迷人的丹霞山、奇特的波浪谷，还有阿拉善的风蚀蘑菇和新疆的魔鬼城。

32 / 33

泥岩

泥巴的妙用

湿漉漉、黏糊糊的泥巴其实有妙用，比如，人们会用千年黄河泥烧制砚台。此外，一些泥还可以用于烧制砖瓦及制陶。其实，将松软的泥"烧制"成坚硬的器物，不仅我们人类会，大自然也会。

富含矿物的泥岩

松软的软泥经过压实、脱水、胶结，会形成坚硬的泥岩。泥岩中的矿物组成包括黏土矿物，像水云母、高岭石、蒙脱石；也有石英、长石这样的碎屑矿物。

● 澄江动物群化石埋藏在帽天山泥页岩中

泥岩中的生命世界

很多化石也埋藏在泥岩中。约 5.4 亿年前，云南澄江有一个精彩异常的海洋生物世界，至今仍是世界古生物学家研究寒武纪生命大爆发的重要场所，这些化石就保存在泥岩中。

石灰岩

一身清白

相传,明朝政治家于谦12岁时路过一个烧石灰的作坊,看到工人们将青灰色的山石投进熔炉烧出白色的石灰时,吟出了流传了500多年的《石灰吟》:

千锤万凿出深山,烈火焚烧若等闲。
粉身碎骨浑不怕,要留清白在人间。

这种烧石灰的山石就是石灰岩,它的主要成分是碳酸钙。大部分石灰岩都是海洋沉积的结果,或者说它们就像大海中的巨厚水垢。

美妙的景观

石灰岩被流水侵蚀后会形成美妙的地质景观,像如诗如画的桂林山水、惟妙惟肖的石林、神秘莫测的溶洞。此外,婀娜多姿的太湖石也是石灰岩。

石灰岩中还有各种海洋生物的化石,可为我们揭开原始海洋的秘密。

● 石灰岩溶洞(贵州织金洞)

● 石灰岩中的贵州龙化石

● 石灰岩中的海百合化石

● 石灰岩峰林景观

大理岩

洁白的大理岩

大理岩得名于其产地。云南有个大理城，大理城外是苍山，苍山上就出产大理岩。大理岩是石灰岩经过变质作用形成的，主要的成分是碳酸钙。此外，北京房山的大石窝出产一种白色大理岩。它洁白无瑕如美玉，也酷似一块块白砂糖，称为汉白玉。

● 大理岩

身边的大理岩

从故宫的白色石雕到天安门前的华表、人民英雄纪念碑的浮雕和栏杆，再到建筑装潢用的墙砖、地砖，大理岩的身影随处可见。

制作迷你地球史书

岩石是地球历史的记录者，有的岩石很年轻，近几年才由从活跃的火山口喷出的岩浆冷凝而形成，有的岩石很古老，年纪几乎和地球母亲比肩。每一块岩石都记录着一段地球历史，到野外时，你可以采集不同类型的岩石，废旧的月饼盒等包装可以成为你的标本盒。将采集的岩石标本放在标本盒中，并标明采集时间、地点，找地质专业人士获取岩石的科学信息（如岩石名称、形成时代、环境等），将这些信息写在标签上，把标签和标本放在一起，你就可以拥有一部迷你地球史书了。

岩石名片

岩石名称：火山熔岩
采集地点：五大连池
岩石分类：岩浆岩

岩石名称：玄武岩
采集地点：北京门头沟
岩石分类：岩浆岩

岩石名称：黑曜岩
采集地点：西藏
岩石分类：岩浆岩

岩石名称：金伯利岩
采集地点：山东蒙阴
岩石分类：岩浆岩

岩石名称：花岗岩
采集地点：北京门头沟沿河城
岩石分类：岩浆岩

岩石名称：页岩
采集地点：北京门头沟
岩石分类：沉积岩

岩石名称：橄榄岩
采集地点：河北宣化
岩石分类：岩浆岩

岩石名称：砂岩
采集地点：山西长治
岩石分类：沉积岩

岩石名称：石灰岩
采集地点：北京门头沟
岩石分类：沉积岩

岩石名称：砾岩
采集地点：北京房山
岩石分类：沉积岩

岩石名称：白云岩
产地：北京房山
岩石分类：沉积岩

岩石名称：千枚岩
采集地点：北京房山
岩石分类：变质岩

岩石名称：榴辉岩
采集地点：德国
岩石分类：变质岩

岩石名称：板岩（含磁铁矿）
采集地点：北京房山
岩石分类：变质岩

岩石名称：大理岩
采集地点：北京房山
岩石分类：变质岩

岩石名称：片麻岩
采集地点：北京房山
岩石分类：变质岩

岩石名称：片麻岩
产地：山东泰山
岩石分类：变质岩

儿童版地球简史

矿物在身边

尹超 徐立国/编著　宋铭/绘

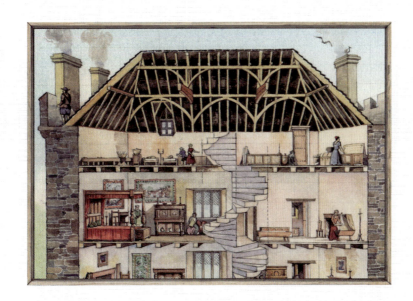

电子工业出版社
Publishing House of Electronics Industry
北京·BEIJING

未经许可,不得以任何方式复制或抄袭本书之部分或全部内容。
版权所有,侵权必究。

图书在版编目(CIP)数据

儿童版地球简史.矿物在身边 / 尹超,徐立国编著;宋铭绘. -- 北京:电子工业出版社,2023.4

ISBN 978-7-121-45151-5

Ⅰ.①儿… Ⅱ.①尹… ②徐… ③宋… Ⅲ.①地球科学 – 儿童读物 Ⅳ.①P-49

中国国家版本馆CIP数据核字(2023)第040435号

责任编辑:	赵 妍 季 萌
印 刷:	天津画中画印刷有限公司
装 订:	天津画中画印刷有限公司
出版发行:	电子工业出版社
	北京市海淀区万寿路173信箱 邮编:100036
开 本:	889×1194 1/20 印张:12.5 字数:176.75千字
版 次:	2023年4月第1版
印 次:	2023年4月第1次印刷
定 价:	188.00元(全5册)

凡所购买电子工业出版社图书有缺损问题,请向购买书店调换。若书店售缺,请与本社发行部联系,联系及邮购电话:(010)88254888,88258888。
质量投诉请发邮件至zlts@phei.com.cn,盗版侵权举报请发邮件至dbqq@phei.com.cn。
本书咨询联系方式:(010)88254161转1860,jimeng@phei.com.cn。

序言

都说"读万卷书,行万里路",而地球科学工作者则是在"行万里路中"解读记载地球演化的万卷书。如果把各门学科比作一座座大厦,那么具体的知识就好比一块块砖头、一层层水泥、一条条木地板;而科学的思想、方法及科学的意义则好比大厦的钢筋结构。这套《儿童版地球简史》不过二百多页,但我们想通过这套书,将知识内在的灵魂呈现给孩子们,让他们懂得知识就蕴藏在生活中,和熟悉的事物都有千丝万缕的联系。

《矿物在身边》一册展现了十个生产、生活场景中所用到的矿物;《岩石会说话》一册用"石"的几个同音词来解析岩石;《我们哪里来》一册用倒叙的方式介绍我们的祖先在几十亿年的生命演化过程中经历的事情;《地貌面面观》展示了现代的重要旅游景观与地球演化的关系;《思想代代传》则展现了从古到今的各位先贤如何通过观察和实践给全人类呈现一个真实的地球。

参与本套书籍内容创作的是来自中国地质博物馆具有高级技术职称的专业人员。我们共同的心愿是通过这套书将科学的思想和方法传递给孩子们,让他们了解到科学的重要性。不论他们未来从事什么工作,这些思想和方法都将使他们受益。

目录 contents

何为矿物？ /6

 矿物的脾气和秉性 /8

矿物的"体形" /10

 矿物的"外衣"和"皮肉" /14

矿物的光泽和发光性 /16

 矿物的坚强与脆弱 /18

矿物的坚韧不挠 /20

 矿物的磁性和放电性 /22

生活中的矿物 /25

家居生活中的矿物 /26

汽车中的矿物 /32

铁路交通中的矿物 /34

服装中的矿物 /36

绘画中的矿物 /38

医药中的矿物 /40

货币中的矿物 /42

何为矿物？

矿物就在我们身边

说起矿物，或许你会想到矿泉水中的矿物质，或许你会想到开采煤、石油、黄金的矿山，或许你会想到博物馆中展出的各种矿石。其实矿物是自然界中形成的单质或化合物，每种矿物都有一定的形态、结构、性质和化学组成。

● 我们在博物馆里看到的很多我们俗称"矿石"的东西，其实就是矿物

有用的矿物

我们人类的衣食住行离不开自然的物质,矿物作为自然界常见的物质,可以为我们直接或间接提供生产生活所用的各种材料。而要利用矿物,就要对矿物的性质有所了解。

矿物的脾气和秉性

有"个性"的矿物

目前世界上已发现的矿物近 6000 种。和人一样,矿物也有自己的特性,这是它们之间相互区别的重要依据。

矿物的"脾气秉性"

绝大多数矿物都具有晶体结构,即由化学元素的离子、离子团或原子按照一定规则重复排列而成的结构,因此我们看到的大部分矿物都具有比较规则的几何外形。几何外形就像人的体形,是矿物的身份标志之一;此外矿物还有颜色、透明度、硬度、解理、断口、弹性、塑性、发光性、导电性等一系列性质。矿物的这些"脾气秉性"决定了它们的用途。

各种各样的矿物

● 紫水晶

● 钴铜矿

● 黑柱石

● 磷氯铅矿

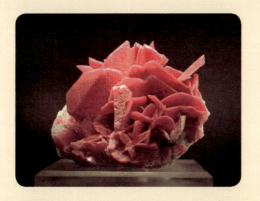
● 菱锰矿

● 钼铅矿

● 水硅钙矾石

● 萤石

矿物的"体形"

单形与聚形

就像人有高矮胖瘦一样,矿物也有不同的体形。衡量矿物"体形"的两个特性是矿物的晶形和结晶习性。矿物的晶形有单形和聚形之分。单形就是矿物晶体由多个全等的晶面组成,如立方体、正四面体、六面体等,目前单形矿物只有47种。聚形就是组成矿物晶体的晶面由多个不全等的面组成,经常为两个或多个单形的组合,如水晶就是两个菱面体加一个六方柱。

通过体形分辨矿物

人们能够减肥或增重,但矿物的体形基本稳定,因此它是鉴别矿物的重要手段之一。例如黄铁矿经常形成大块、规整的立方体、八面体,但自然金却很难形成这样的形状。故虽然两者表面都金光闪闪,但我们还是很容易甄别它们。

● 白钨矿四方双锥状单体

● 黄铁矿的单体呈立方体

● 白云母单体呈片状

● 电气石柱状单体

● 磷氯铅矿六方柱状晶体

● 菱锰矿晶体呈菱面体

● 钼铅矿板状晶体

● 两个菱面体+一个六方柱

向空间伸展

矿物的结晶习性则是矿物晶体向空间三个维度发育的情况。有的矿物形成柱状、针状、纤维状，称为一向延展；有的矿物形成板状、片状、鳞片状，称为二向延展；还有的矿物常形成粒状、球状，称为三向延展。

● 辉锑矿——一向延展

● 云母——二向延展

● 黄铁矿——三向延展

● 菱锰矿很像切成片的西瓜瓤

● 这块磷氯铅矿标本很像雪里蕻

● 石膏晶体形成的"沙漠玫瑰"

矿物中的模仿大师

矿物的不同的体形使得一些矿物具有精美的造型,甚至成为模仿大师。例如辉锑矿的晶体呈长柱状,多个晶体形成的晶簇酷似一盆生机勃勃的植物,观赏性极高。再如磷氯铅矿,其绿色的短柱状晶体很像我们吃的雪里蕻。一些片状矿物还能组成花朵状,像石膏和重晶石由于常发现于沙漠中,故被称为"沙漠玫瑰"。

矿物的"外衣"和"皮肉"

矿物的"外衣"

衣服可以挡住我们的皮肤，却不会改变我们皮肤的颜色。同样，矿物也有"衣服"和"皮肉"的差别。矿物的"外衣"就是矿物外表的颜色，如赤铁矿的暗红色、孔雀石那迷人的绿色、黄铁矿的金黄色、蓝铜矿的碧蓝等。如果光看外表颜色，我们的肉眼很容易被蒙蔽。那么如何知道矿物"皮肉"的颜色呢？科学家们找到了一种好方法：利用条痕色。

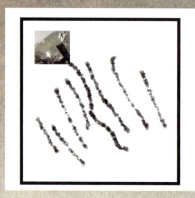 

稳定的条痕色

条痕色就是矿物在白色无釉瓷板上划出的粉末的颜色。这种粉末颜色可以消除一些杂质或物理因素的影响，因此比矿物外表的颜色更为稳定、真实。例如赤铁矿有的外表为红色，也有的是黑灰色，不过它们的条痕色都是樱红色。再如黄铁矿和黄金外表都是金黄色，但是它们的条痕色就不同了。黄金仍旧表里如一，条痕也是金黄色；可黄铁矿却表里不一，它的条痕色为黑色或黑绿色，因此，黄铁矿也被称为"愚人金"。

矿物的光泽和发光性

"是金子总会发光的"是激励一代又一代人的至理名言。但是从矿物学的角度看,这话可不太科学,应该说"是金子总会反光的"。这就引出了矿物的两个特性——光泽和发光性。

矿物的光泽

矿物的光泽是矿物表面对光线的反射形成的,主要有金属光泽、半金属光泽和非金属光泽。非金属光泽又分为金刚光泽、玻璃光泽、油脂光泽、珍珠光泽、丝绢光泽、土状光泽等。之所以说"是金子总会发光的",是因为自然金对光线的反射能力强,具有金属光泽,此外像黄铁矿、方铅矿等都具有这样的光泽。

非金属光泽

在欣赏珠宝玉石时,我们常听到"羊脂白玉"这个词,这是和田玉中的上品,它的名称实际上代表了这种玉具有较强的油脂光泽,像羊乳一样。一些透明或半透明的矿物,例如水晶、冰洲石、萤石、方解石具有玻璃光泽。那些纤维状的矿物,如石棉、纤维石膏等则具有像丝绸制品一样的丝绢光泽。

● 黄铁矿具有金属光泽

● 水晶具有玻璃光泽

● 和田玉具有油脂光泽

荧光和磷光

　　还有一些矿物能在外来能量的激发下发出可见光。如果矿物在外界作用消失后停止发光，则这种光称为荧光。如萤石在加热后可以产生蓝色荧光，这也使其成为制作夜明珠的材料。此外金刚石在X射线照射下亦可发出天蓝色荧光。有些矿物在外界作用消失后还能继续发光，这种光称为磷光，例如磷灰石。

矿物的坚强与脆弱

矿物也坚强

有的人韧劲十足,也有的人十分脆弱。矿物也有坚强和脆弱之分,衡量矿物坚强程度有多个指标,统称为矿物的力学性质,包括硬度、解理、断口、脆性和延展性、弹性和挠性。

莫氏硬度标准

矿物的硬度是衡量矿物"坚强"程度的最重要指标,它是指矿物抵抗外力刻划、压入以及研磨的程度。德国地质学家腓特烈·摩斯选择了10种矿物作为标准,将矿物的硬度分为10级,称为摩氏硬度标准。高硬度的矿物可以刻划低硬度的矿物,比如钻石可以在石英上刻划出痕迹。

切割钻石的秘密

除了硬度,矿物的解理也很重要。解理就是矿物晶体按照一定方向破裂并产生的光滑平面。就好似再坚强的人内心也有脆弱的地方一样,解理就是矿物的薄弱面。正因为有了解理,我们才有可能切割最硬的钻石。目前,切割钻石大多采用激光切割。

● 滑石　● 石膏　● 方解石　● 萤石

1　2　3　4

多样的断口

　　有些矿物的解理面不发育,当受到敲击破裂后会呈现不规则的断开面,称为断口。一些水晶原石上会有像贝壳一样弧形的凹痕,这就是贝壳状断口。当然,也有的矿物断口呈现为锯齿状断口、参差状断口,还有的断口比较平坦。

● 层解石具有极完全解理

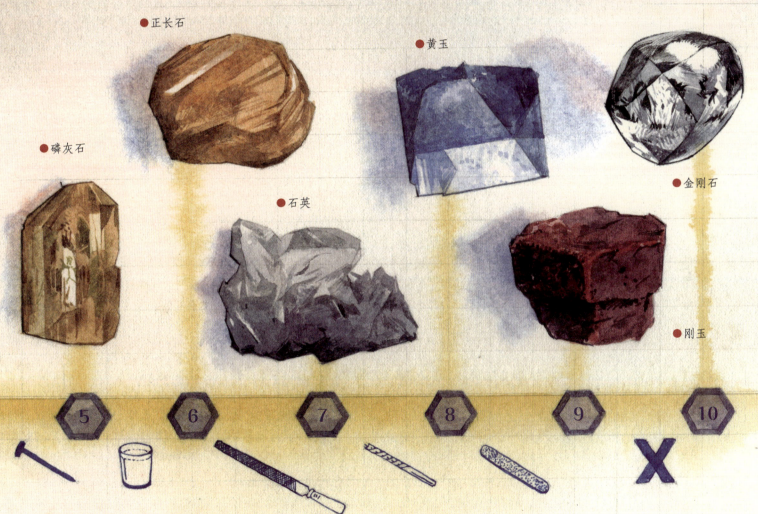

矿物的坚韧不挠

坚强与坚韧

坚强和坚韧都可以用来形容性格，但二者的含义有所不同。一个人韧劲十足，在遇到困难和压力时，坚持不放弃，这就是坚韧。

有的矿物也有这样的品格。

压不碎的自然金

自然金能够被碾压成很薄的金箔而不碎裂，这种韧性在矿物学上称为延展性。还有些矿物，比如金刚石，虽然很硬，但在高压下易碎，这种矿物就很脆。

不屈不挠真丈夫

大丈夫能屈能伸，矿物也一样。矿物（例如云母）受力变形后又能够恢复原状态的性质称为弹性。也有的矿物受力后不能恢复原状，称为挠性。"挠"实际是屈服的意思，和成语"不屈不挠"中的"屈"和"挠"一个意思。

矿物的磁性和放电性

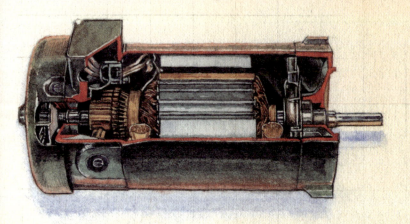

紧紧相吸

有些矿物，例如磁铁矿，能够吸引铁屑，这种矿物具有磁性。

● 磁铁矿

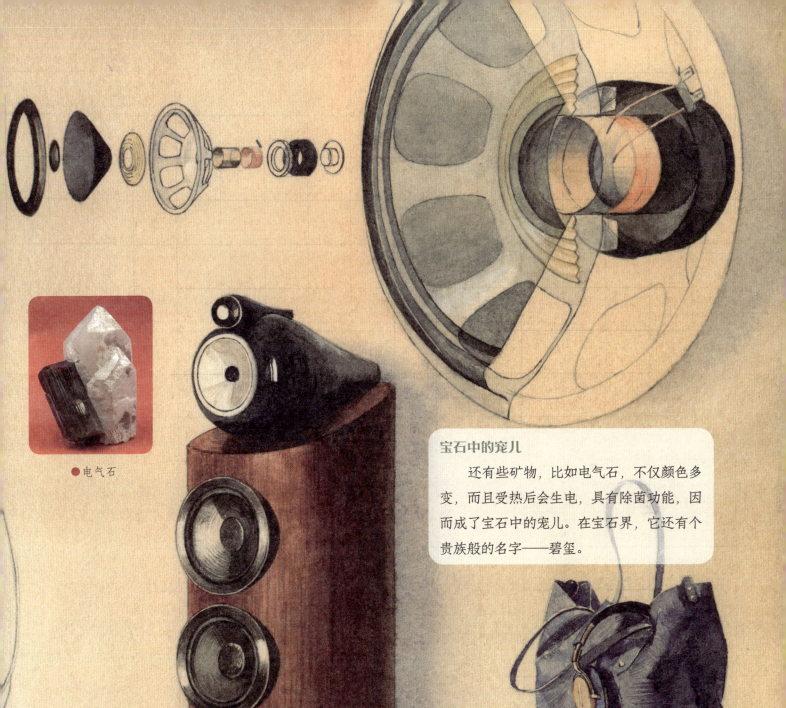

● 电气石

宝石中的宠儿

　　还有些矿物，比如电气石，不仅颜色多变，而且受热后会生电，具有除菌功能，因而成了宝石中的宠儿。在宝石界，它还有个贵族般的名字——碧玺。

生活中的矿物

我们的生活中到处都有矿物的影子，就拿我们生活的房屋来说吧。墙的主体大多使用砖砌成，或用水泥浇筑而成。墙中有钢筋作为骨架。屋顶和地板常采用水泥板材，老式的屋顶上有瓦，一些古代的皇宫屋顶还用琉璃瓦装饰，显得雍容华贵。虽然以前的门窗几乎都是木质的，但现代越来越多的门窗使用铝合金或不锈钢。此外，门窗上还有玻璃。可以看出，建造房屋时采用的很多材料都与矿产资源有关。

家居生活中的矿物

随处可见的金属配件

我们生活中使用的金属器具，如金属水龙头、各种金属管道、金属门把手等，以不锈钢的居多，而不锈钢的主要成分是铁，铁来自赤铁矿、磁铁矿等含铁的矿物。

● 墙板用石膏

● 白炽灯里的钨丝用钨矿石

● 制作金属器具要从铁矿石中提炼铁

矿物点亮世界

传统白炽灯泡中的钨丝来源于钨矿石，主要是白钨矿和黑钨矿。LED 灯的核心部件是发光二极管芯片材料，其材料为蓝宝石和硅质矿物。

不简单的玻璃

在家居生活中还有各种各样的玻璃制品。氧、硅元素构成玻璃的骨架，主要来自石英矿物，通常可以由石英砂、砂岩、石英岩、脉石英等岩石获取。氧化硼的加入可以降低玻璃的热膨胀系数，提高稳定性，改善玻璃的光泽，氧化硼通常可以由硼镁石、钠硼镁石、硅钙硼石等含硼矿物获取。氧化铝的加入可以提高玻璃的稳定性、机械强度、硬度和折射率，氧化铝可以从长石、高岭土、叶腊石等矿物获取。氧化钙的加入可以提高玻璃的化学稳定性和机械强度，但含量过高又会使玻璃发脆，氧化钙主要来自方解石矿物，可以从白垩、石灰岩等岩石获取。氧化镁的加入可以改善玻璃的成形性能，氧化镁可以从白云石、菱镁矿获取。氧化钡的加入可以增加玻璃的折射率、密度、光泽和化学稳定性，氧化钡可以从重晶石、毒重石中获取。

电路与矿物

家中各种电线的主要材质是铜，取自含铜矿物。以电视机、计算机为代表的家用电器中有不少电子元器件材料来源于矿物，例如喇叭中有磁铁矿，集成电路中有多晶硅、铜、铝等电路及各种金属材料，这些材料都是从含有相关元素的矿物中提取的。

● 石英：提取硅的重要矿物

● 蓝铜矿：主要的铜矿石之一

● 铝土矿：主要的铝矿物之一

化妆品中也有很多成分提取自矿物，如滑石、黄玉、铝粉、赭石、硼砂、云母、金红石等。

● 金红石

● 黄玉

● 铝土矿

● 白云母

● 滑石

汽车中的矿物

充满安全感

　　一般来说，汽车由发动机、底盘、车身、电器与电子设备组成。汽车就像一个流动的家，对安全性要求较高。因此，传统汽车中钢板和铸铁应用广泛，而钢板和铸铁都由铁矿石经炼铁炉冶炼等工艺制成。

　　在制造汽车时，为了防止钢板表面腐蚀生绣，工人们还会给这些钢板穿上"防护衣"。这种防护衣通常是在钢板上镀的一层金属锌，可以延长钢板的使用年限。镀锌板是一种非常好的防腐材料，也适合用来制作汽车仪器仪表零件及仪表壳体。锌主要来自闪锌矿。

主要汽车板材铁矿石

● 菱铁矿

● 赤铁矿

● 镜铁矿

多种功能

对于汽车来说，为了实现隔热、密封和制动等功能，还会用到石棉这些非金属材料来制造隔热瓦、密封垫片和刹车片。

不容小觑的玻璃

制作汽车玻璃需要用到石英。一般的汽车玻璃采用硅玻璃，其中氧化硅含量超过70%，其余成分由氧化钠、氧化钙、氧化镁等组成。硅玻璃经进一步加工形成钢化玻璃，以增加玻璃的抗破碎能力，防止玻璃在受到冲击而破碎时对驾驶员和乘客造成严重伤害。

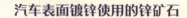

汽车表面镀锌使用的锌矿石

● 磁铁矿

● 闪锌矿

铁路交通中的矿物

永远相伴的轨道

　　钢轨就像两条平行线,永远相伴着延伸向远方,使得火车"轮子"可以沿着它们前行。火车轨道常常被称为钢轨,这源于轨道的原材料——锰钢。

优点多多的锰钢

　　锰钢是一种高强度钢材,有耐冲击、防挤压、耐摩擦等特点,因此很适合用于制作钢轨。锰钢的冶炼需要铁和锰等矿产资源作为基本原材料。

● 扎雀石
● 接触网线为铜质
● 受电弓滑板以石墨为材料
● 黄铜矿
● 自然铜

电车的"犄角"

电力机车的顶上有一个接触电网的装置，叫受电弓。受电弓上的滑板是碳质的，其材料主要来源于石墨。机车车身整体为钢制材料，需要大量的铁。

服装中的矿物

● 纺织机械用合金制造

● 石墨可以起到润滑剂的作用

服装制作过程中的重要角色

服装的材料主要来自植物纤维和动物皮毛，看起来好像与矿物没什么关系，实际上，矿产资源在服装的制作过程中扮演着十分重要的角色。

● 钛合金中的钛主要从金红石中提取

来自矿物的贡献

现代衣物的织造需要大型纺织机械，通常包括纺纱设备、织造设备、印染设备、整理设备、化纤抽丝设备、缫丝设备等。这些机械的主要机架目前均用金属合金制造，例如锰钢、铝合金、钛钢等，里面就有铁、锰、钛、铝土矿的贡献。纺机还需要润滑剂，而石墨通常担当此重任。

● 蛋白石

矿物与纤维

我们穿的衣服需要纤维有弹性、柔韧性，这种弹性是很多植物纤维不具备的，如果在植物纤维中加入蛋白石，那效果就大大提升了。我国古代的丝织业发达，成就了著名的丝绸之路。在古代，人们还拿石棉当作衣物的纤维。膨润土在纺织工业中用于纱线上浆，滑石是皮革的涂料。我们穿的橡胶底的鞋，包括雨靴中都含有硅灰石、角闪石、石棉等矿物，它们可以起到橡胶加强剂的作用。

● 硅灰石

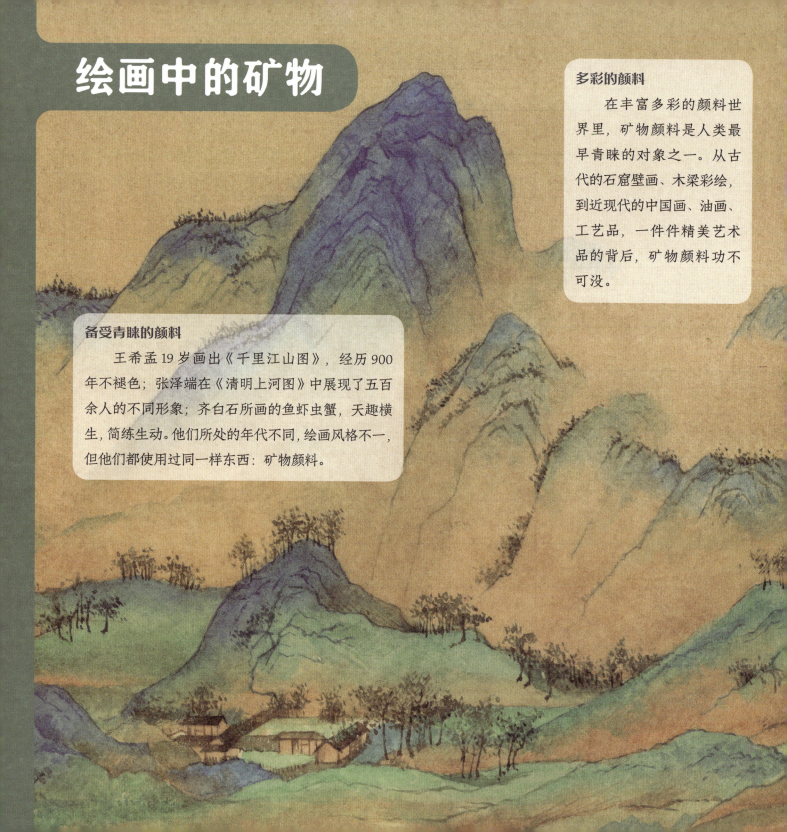

绘画中的矿物

多彩的颜料

在丰富多彩的颜料世界里,矿物颜料是人类最早青睐的对象之一。从古代的石窟壁画、木梁彩绘,到近现代的中国画、油画、工艺品,一件件精美艺术品的背后,矿物颜料功不可没。

备受青睐的颜料

王希孟19岁画出《千里江山图》,经历900年不褪色;张泽端在《清明上河图》中展现了五百余人的不同形象;齐白石所画的鱼虾虫蟹,天趣横生,简练生动。他们所处的年代不同,绘画风格不一,但他们都使用过同一样东西:矿物颜料。

●孔雀石　　●雌黄　　●蓝铜矿

雄黄

●辰砂

医药中的矿物

● 活血止痛散中含有萤石

● 磁珠丸含有磁铁矿

举足轻重的中医药

在绵延几千年的灿烂中华文化中，中医药占有举足轻重的地位。在西医发达的今天，中医药不仅没有褪色，反而在世界医药学这个大舞台上发出更强有力的声音。很多人认为中药一定取自植物，其实很多中药还来自矿物，称为"矿物药"。

丰富的矿物药

　　我国的矿物药起源很早，出土自马王堆汉墓的《五十二病方》中就记载了雄黄、丹砂等20多种矿物。《神农本草经》中记载的365种药物中矿物占46种。东汉末年的《周易参同契》中详细论述了一些矿物药的炼制方法。明代著名药物学大典《本草纲目》中共记载了1892种药物，其中矿物药355种。这些矿物药在同仁堂这样的老字号中药店中都能抓到。

● 牛黄解毒丸中有雌黄

● 三黄珍珠膏中含有自然硫

● 参茸黑锡丸含有方铅矿

● 柏子养心丸含有辰砂

货币中的矿物

历史悠久的货币

货币有很长的历史，不论是古代的铜钱、金元宝，还是现在使用的钞票，都是货币。如今，我们更多地使用电子货币，比如刷卡支付或手机扫码支付。看起来简单的货币，自其产生的那一刻起，就与矿产资源有着密切的联系。

● 纸币防伪荧光粉取自磷灰石

财富的象征

"金银天然不是货币，货币天然是金银。"这说明，金银最适宜充当一般等价物。从金元宝到银锭，自然金和自然银自古以来就是财富的象征。当然，古代的货币大多是铜钱，也就是铜合金。除了圆形方孔铜钱，刀币、布币也是重要的币种。

●自然金

●芯片硅提取自硅灰石

●红宝石可制作激光触发器

各不相同的硬币

20世纪50年代起，我国发行的1分、2分、5分硬币最初使用铝镁合金（提取于铝矿石、镁矿石），后来改为铁镍合金。从90年代起发行的1角、5角和1元的硬币材质各不相同。1角硬币最初使用铝合金，后改为不锈钢（提取于铁矿石、铝矿石）；5角硬币采用钢芯镀铜合金（提取于铁矿石、铜矿石），1元硬币则用钢芯镀镍合金（提取于铁矿石、镍矿石）。

严格的制钞方式

宋代人能用黏土制作活字进行印刷，这就为纸币的出现和推广创造了条件。北宋时期在四川地区出现的交子是世界最早的纸币。如今，我们使用的钱以纸币为主，也有少量硬币。纸币的印制过程相当严格，通常采用铜版（铜矿）流水套印的方式。纸币上的防伪标记必不可少，如今发行的第五套人民币都采用荧光粉防伪的方式。荧光粉的主要成分是卤磷酸钙，其主要来自磷灰石。

磁条卡与芯片卡

进入21世纪后，电子货币逐步取代纸币和硬币。银行卡就是电子货币的一种。银行卡主体使用PVC材料制作而成，上面的磁条用磁性材料制成，主要与磁铁矿有关。近年来，银行已经不再发行磁条卡，取而代之的是芯片卡。这种芯片和计算机芯片一样，是一种多晶硅（主要来自石英）制作的集成电路，具有储存信息的功能。

新的支付方式

随着科技的发展，扫码支付成为一种新的支付方式。我们手机上有二维码识别器，主要包括光源、接收装置、光电转换电路、译码电路和计算机接口，其核心部件是激光二极管，其中含有刚玉、石英等矿物材料。

儿童版地球简史

地貌面面观

尹超 卞跃跃/编著　赵洪山/摄影　宋铭/绘

电子工业出版社
Publishing House of Electronics Industry
北京·BEIJING

未经许可,不得以任何方式复制或抄袭本书之部分或全部内容。
版权所有,侵权必究。

图书在版编目(CIP)数据

儿童版地球简史. 地貌面面观 / 尹超, 卞跃跃编著;赵洪山摄影;宋铭绘. -- 北京:电子工业出版社,2023.4

ISBN 978-7-121-45151-5

Ⅰ.①儿… Ⅱ.①尹… ②卞… ③赵… ④宋… Ⅲ.①地球科学-儿童读物 Ⅳ.①P-49

中国国家版本馆CIP数据核字(2023)第040434号

责任编辑:赵 妍 季 萌
印　　刷:天津画中画印刷有限公司
装　　订:天津画中画印刷有限公司
出版发行:电子工业出版社
　　　　　北京市海淀区万寿路173信箱 邮编:100036
开　　本:889×1194 1/20 印张:12.5 字数:176.75千字
版　　次:2023年4月第1版
印　　次:2023年4月第1次印刷
定　　价:188.00元(全5册)

凡所购买电子工业出版社图书有缺损问题,请向购买书店调换。若书店售缺,请与本社发行部联系,联系及邮购电话:(010)88254888,88258888。
质量投诉请发邮件至zlts@phei.com.cn,盗版侵权举报请发邮件至dbqq@phei.com.cn。
本书咨询联系方式:(010)88254161转1860,jimeng@phei.com.cn。

序言

都说"读万卷书，行万里路"，而地球科学工作者则是在"行万里路中"解读记载地球演化的万卷书。如果把各门学科比作一座座大厦，那么具体的知识就好比一块块砖头、一层层水泥、一条条木地板；而科学的思想、方法及科学的意义则好比大厦的钢筋结构。这套《儿童版地球简史》不过二百多页，但我们想通过这套书，将知识内在的灵魂呈现给孩子们，让他们懂得知识就蕴藏在生活中，和熟悉的事物都有千丝万缕的联系。

《矿物在身边》一册展现了十个生产、生活场景中所用到的矿物；《岩石会说话》一册用"石"的几个同音词来解析岩石；《我们哪里来》一册用倒叙的方式介绍我们的祖先在几十亿年的生命演化过程中经历的事情；《地貌面面观》展示了现代的重要旅游景观与地球演化的关系；《思想代代传》则展现了从古到今的各位先贤如何通过观察和实践给全人类呈现一个真实的地球。

参与本套书籍内容创作的是来自中国地质博物馆具有高级技术职称的专业人员。我们共同的心愿是通过这套书将科学的思想和方法传递给孩子们，让他们了解到科学的重要性。不论他们未来从事什么工作，这些思想和方法都将使他们受益。

目录
contents

星星点点的花岗岩地貌 /6

 壮观的火山熔岩地貌 /12

岩溶地貌之溶洞 /16

 岩溶地貌之峰林和石林 /20

岩溶地貌之钙华五彩池 /24

 火红的丹霞地貌 /27

石英砂岩峰林地貌　/32

 河流峡谷地貌　/34

奇特的雅丹地貌　/38

 无瑕的冰川地貌　/40

广泛分布的黄土地貌　/42

读万卷书,行万里路。当你背起行囊踏上路途,欣赏着美丽的风景时,你是否意识到这是大自然用亿万年的时光给人类打造的礼物呢?层峦叠嶂的山峰或许曾经深埋在脚下;成串的湖泊可能是火山的杰作;神秘莫测的溶洞更让我们体会到滴水穿石的力量。

打造艺术品需要雕塑、烧制以及后期的雕刻和打磨。大自然是个伟大的艺术家,地球内部汹涌的岩浆为艺术品提供了物质材料和烧制的温度条件;构造运动是它创作的动能,风吹雨打甚至温度的变化则是它的刻刀。

翻开这本书,一起去看看大自然是如何打造这些艺术品的吧!

星星点点的花岗岩地貌

● 花岗岩

● 黄山整个山体都是花岗岩

● 厦门鼓浪屿的日光岩就是一块花岗岩。

又花又硬的花岗岩

"星星点点花外衣,坚硬抗压好身躯"。花岗岩以其美丽的外表和坚硬的特质成了建筑石材界的宠儿,地砖、墙面经常使用抛光的花岗岩。

自然界的硬汉

花岗岩还塑造了很多名山大川。黄山、华山、厦门鼓浪屿的日光岩都是花岗岩的山体。

花岗岩地貌的形成需要多长的时间呢？

我们以黄山为例。约 1.2 亿年前，黄山地区地下岩浆活动剧烈。岩浆从上地幔的软流圈上涌，在地壳中冷凝形成花岗岩体。

随着地壳运动，地下的花岗岩体不断抬升，抵达近地表。在地应力和流水的作用下，花岗岩体受到风化，逐渐打造出黄山山体的形态。

世界闻名的旅游胜地

距今 5000 万年以来，花岗岩体逐渐抬升出地表，并遭受进一步的风化作用，特别是几万年前的冰川作用，最终塑造了黄山的形态。如今，拥有奇松、怪石、云海、温泉的黄山是世界闻名的旅游胜地。

一组黄山景观图

壮观的火山熔岩地貌

火山的力量

滚烫的岩浆从火山口喷涌而出,所经之处一片狼藉。一些繁华的城市也成了这种自然力量的牺牲品,如意大利的庞培古城。然而火山也能够塑造绝美的地貌。

雄伟的火山锥

　　日本的富士山、非洲乞力马扎罗山的乌呼鲁峰都是火山锥。高耸入云的山顶以及覆盖的皑皑白雪，构成了一幅绝美的画面。我国大同地区也分布着一些死火山锥，像一座座天然的金字塔。

串在一起的湖

熔岩流动有时会阻塞河道，形成堰塞湖。黑龙江的五大连池就是串联在一起的五个堰塞湖。在湖边还会看到麻花状的熔岩。

● 五大连池八卦湖

● 五大连池绳状熔岩

裂开的熔岩

当黏稠的熔岩流冷却并以垂直角度收缩时，就会沿着与熔岩流动方向相垂直的角度裂开。在大多数情况下，它们会形成非常规则的截面为六边形的石柱。

● 三清山万宜水库边上的玄武岩六方石柱

岩溶地貌之溶洞

滴水穿石的力量

溶洞，顾名思义，是水溶蚀形成的山洞。柔软的流水能够在山体里掏开一个洞穴，真是让人惊叹。那流水到底有什么神奇的力量呢？其实流水的力量不在于其冲击力，而在其溶蚀能力。

● 织金洞

● 石花洞

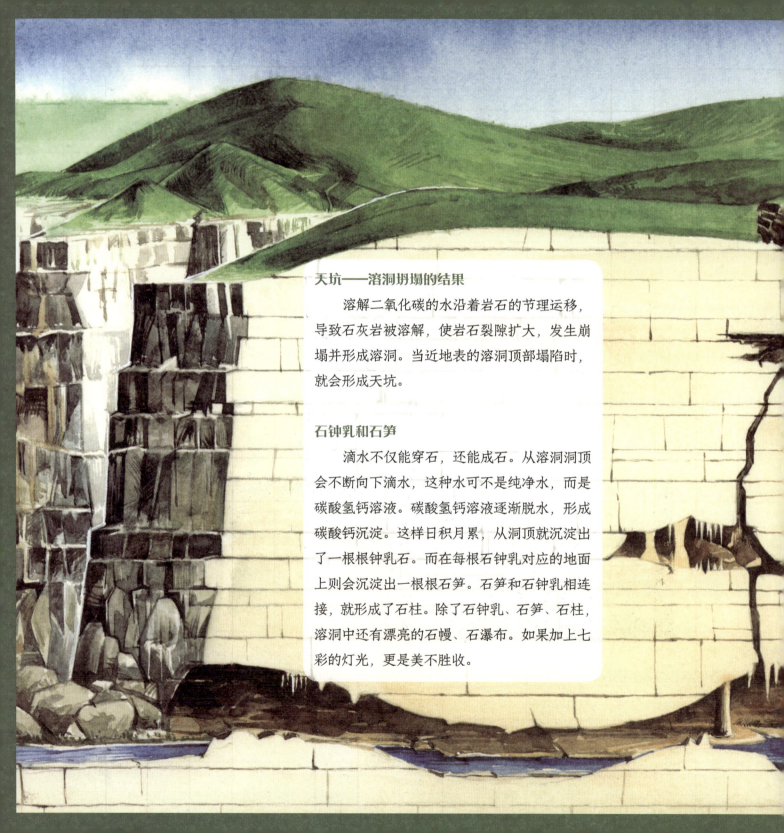

天坑——溶洞坍塌的结果

溶解二氧化碳的水沿着岩石的节理运移，导致石灰岩被溶解，使岩石裂隙扩大，发生崩塌并形成溶洞。当近地表的溶洞顶部塌陷时，就会形成天坑。

石钟乳和石笋

滴水不仅能穿石，还能成石。从溶洞洞顶会不断向下滴水，这种水可不是纯净水，而是碳酸氢钙溶液。碳酸氢钙溶液逐渐脱水，形成碳酸钙沉淀。这样日积月累，从洞顶就沉淀出了一根根钟乳石。而在每根石钟乳对应的地面上则会沉淀出一根根石笋。石笋和石钟乳相连接，就形成了石柱。除了石钟乳、石笋、石柱，溶洞中还有漂亮的石幔、石瀑布。如果加上七彩的灯光，更是美不胜收。

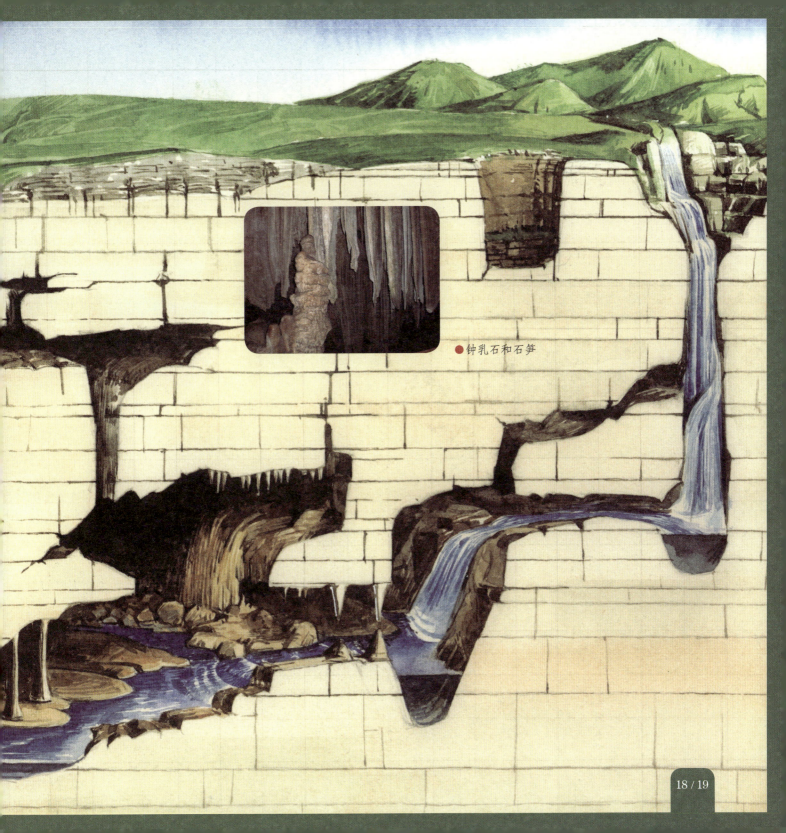

● 钟乳石和石笋

岩溶地貌之峰林和石林

去桂林旅游,泛舟漓江之上,真有一种"船在江上走,人在画中游"的感觉。

沧海桑田的变化

桂林的美景在地貌上属于喀斯特峰林地貌,其形成是大自然亿万年作用的结果。在几亿年前,桂林地区还是一片大海,水中的碳酸盐不断沉淀,形成了厚厚的"水垢",就是桂林山体的雏形。

《西游记》的取景地

除了峰林，还有一种石林，其中以云南昆明郊外的石林景观最为有名，电视剧《西游记》的很多外景都取自石林。和峰林景观成因类似，石林是在炎热潮湿气候条件下，石灰岩经过流水的侵蚀，沿着裂隙崩落形成的，在喀斯特地貌类型上属于石芽景观。

● 石林景观"阿诗玛"

● 风动石

● 灵猫景观

● 海水中的碳酸盐类发生沉淀，形成厚厚的"水垢"

● 几亿年前，石林地区还是一片大海

●石林

●石灰岩被抬升到地表,遭受风化剥蚀,形成石灰岩峰林地貌

●这些"水垢"经过成岩作用,形成石灰岩

岩溶地貌之钙华五彩池

大自然的调色盘

在四川黄龙的原始森林中,大大小小几千个池子的池水在光的作用下呈现蓝绿、海蓝等颜色,像大自然中一个巨大的"调色盘"。这些景观也是流水作用的结晶。

蓝色池水的秘密

从高山上奔涌而下的冰雪融水不断溶蚀着石灰岩,溶解成无数小溪,夹杂着碳酸钙物质奔流而下,在水流平缓地区所经之处不断有钙华沉淀下来。当有植物根茎和倒伏的朽木阻挡时,会形成钙华围堰,日积月累,围堰相连,并随地形呈阶梯状分布,就形成了大大小小的池子。池底的钙华及水中的微生物对于波长较短的蓝光有散射作用,最终使池水呈现美丽的蓝色。

● 钙华围堰相连，就形成了阶梯状分布的钙华池子

● 含有碳酸钙的流水奔流而下，沿路不断有碳酸钙沉淀下来，形成钙华堆积

● 池水的颜色是光线散射的结果

火红的丹霞地貌

灿若明霞的丹霞山

不论是四季轮回还是阴晴交替,它总以火红的面容迎接着八方来客。它坐落在粤北大地,红色砂岩组成的崖壁和奇峰异石形似绚丽的彩霞。彩霞仅仅是日出日落时天边短暂的美丽,而它已经在这里坚守了漫长的时光。它就是美丽的丹霞山。

●丹霞山景色

大自然的杰作

白垩纪时期,地球还是恐龙咆哮的年代。炎热的气候下,河湖中含有氧化铁的红色沙砾逐步沉积。天长日久,这些沙砾被覆盖、压实并逐步胶结,形成了红色岩层。后来,这些红色岩层被地壳运动带到地表,在风化作用的洗礼下,峰崖崔嵬、赤壁四立的壮观景象就此形成。

● 张掖彩丘

赏丹霞，品茗茶

　　武夷山是中国福建省的著名旅游风景区，景区的主要山体由白垩纪红色砂岩组成，为典型的丹霞地貌。举世闻名的大红袍就生长在武夷山九龙窠谷底靠北面的悬崖峭壁上。

● 武夷山

石英砂岩峰林地貌

令人神往的地方

有一个地方,画家吴冠中称其是"失落在深山的明珠",作家周原赞叹其"三步称奇,五步叫绝",歌唱家胡松华描绘其"古松抱奇峰,如坠云雾中"。峰林、石门、峡谷、天生桥,大自然的鬼斧神工和亿万年的地质历史都汇聚于此。这就是张家界。

被粘住的沙粒

约3亿8000万年前,张家界还是一片汪洋大海。纯净的海沙颠簸着,慢慢沉到海底,并一层层地覆盖起来。随后,矿物质就像胶水一样充填了沙粒间的孔隙,将这一盘散沙变成了砂岩,并在地下沉睡了将近3亿年。

- 海洋中的泥沙沉积到海底一层层覆盖，并固结成岩
- 造山运动使得砂岩抬升到地表成山
- 山体裂隙发育，不断崩落
- 最终形成一座座孤峰组成的石英砂岩峰林地貌

神奇的造山运动

大约1亿年前到几千万年前，这些久远的砂岩被地壳运动抬升到地表。经过长年的风吹日晒雨淋，砂岩出现裂隙并不断崩落，才有了今天形态各异的3000多座密集分布的山峰。

河流峽谷地貌

科罗拉多大峡谷

在美国亚利桑那州科罗拉多河沿岸,有一条幽深的峡谷——科罗拉多大峡谷。在这里,自然的艺术和历史交织在一起,七彩的岩层涵盖了从前寒武纪到新生代数亿年的历史,岩层中的化石无声地向人们讲述着一个个沧海桑田的故事。奇峰异石,峭壁廊柱,伴随着天气变化而变换光影。

大峡谷形成的动力

是哪位"艺术大师"雕刻成了如此壮观的景象?
是哪位"考古学家"揭开了这厚重的历史教科书?
是日夜奔流的科罗拉多河。

它开山劈道,迂回绕转,将科罗拉多高原撕开一道裂口,并逐步将其拓展,才有如今这长446千米、宽数千米的大峡谷。

● 奔流的科罗拉多河是大峡谷形成的动力

● 科罗拉多大峡谷南峡

中国也有十分震撼的峡谷景观，比如著名的长江三峡以及雅鲁藏布大峡谷。

●长江三峡之西陵峡

●长江三峡之巫峡

奇特的雅丹地貌

特殊的雕刻师

茫茫戈壁滩，荒凉而沉寂。大风吹奏的交响乐更增添了这片不毛之地的悲凉。大风不仅是个演奏家，更是一名优秀的雕刻师。卷起的沙砾是风的刻刀，经过它雕刻后形成的地貌，就是雅丹地貌。

● 很多探险家和科研工作者骑着骆驼去荒漠戈壁中探险

荒凉之美

风沙无情地敲打、磨蚀着岩石。头重脚轻的石蘑菇，还有天然的魔鬼城，都是这样形成的。"大漠孤烟直，长河落日圆"，这是诗人描绘的一种荒凉之美。而奇特的雅丹地貌，将这种荒凉之美演绎到极致。

- 加拿大恐龙谷中的风蚀砂岩
- 敦煌雅丹地貌
- 敦煌雅丹地貌

● 南迦巴瓦峰

美丽的南迦巴瓦峰坐落在雅鲁藏布大峡谷旁,高耸入云的尖峰其实是冰川作用形成的角峰

冰川的形成

在高海拔和高纬度地区,气候严寒,常年积雪。积雪会逐步转变成蓝色的冰川冰。冰川冰在自身重力作用或冰层压力作用下沿着斜坡缓慢运动就形成了冰川。冰川对地表的塑造作用是强烈的,很多美丽的地貌景观都与冰川作用密切相关。

无瑕的冰川地貌

冰斗与峡谷

西藏的卡若拉冰川,在山上侵蚀出一个巨大的冰斗。典型的冰斗是一个像围椅一样的洼地,三面是陡峭的岩壁,向下坡有一个开口。在冰川消退后,冰斗内往往积水成湖。冰川还常会形成峡谷,其剖面很像英文字母U,所以也称为U形谷。

刀刃般的山脊

这是西藏羊八井地区的一处雪山。可以看到，在冰川的侵蚀作用下，山脊形似刀刃，也就是刃脊。

● 冰川过后也会留下一些堰塞湖，例如九寨沟一个个美丽的"海子"

● 冰川还会在一些岩石上留下冰川擦痕和巨大的冰臼

广泛分布的黄土地貌

黄土地貌的形成

黄土是一种质地均一的黄色堆积物，具有疏松多孔、富含碳酸钙、透水性强、易湿陷等性质。我国黄土最厚达180~200米。黄土受到流水及风的侵蚀，就形成了各种各样的黄土地貌。我国的黄土高原是世界上黄土地貌最发育、规模最大的地区。

多种多样的黄土地貌类型

黄土上经常发育沟谷，那是流水冲刷侵蚀而成的。最先发育细沟，然后进一步下切侵蚀发育成切沟和冲沟。在黄土沟谷间受到流水切割侵蚀后残留的黄土形成黄土塬（yuán）、黄土梁（liáng）和黄土峁（mǎo）。此外，地表水沿着黄土中的裂隙或孔隙下渗，对黄土进行溶蚀和侵蚀后，会形成大的空洞，导致黄土陷落，形成碟形凹地、陷穴、黄土桥和黄土柱。

儿童版地球简史

我们哪里来

谭锴 尹超/编著　宋铭/绘

电子工业出版社
Publishing House of Electronics Industry
北京·BEIJING

未经许可，不得以任何方式复制或抄袭本书之部分或全部内容。
版权所有，侵权必究。

图书在版编目（CIP）数据

儿童版地球简史. 我们哪里来 / 谭锴, 尹超编著；宋铭绘. -- 北京：电子工业出版社，2023.4

ISBN 978-7-121-45151-5

Ⅰ.①儿… Ⅱ.①谭…②尹…③宋… Ⅲ.①地球科学-儿童读物 Ⅳ.①P-49

中国国家版本馆CIP数据核字（2023）第040438号

责任编辑：赵　妍　季　萌
印　　刷：天津画中画印刷有限公司
装　　订：天津画中画印刷有限公司
出版发行：电子工业出版社
　　　　　北京市海淀区万寿路173信箱　邮编：100036
开　　本：889×1194　1/20　印张：12.5　字数：176.75千字
版　　次：2023年4月第1版
印　　次：2023年4月第1次印刷
定　　价：188.00元（全5册）

凡所购买电子工业出版社图书有缺损问题，请向购买书店调换。若书店售缺，请与本社发行部联系，联系及邮购电话：（010）88254888，88258888。
质量投诉请发邮件至zlts@phei.com.cn，盗版侵权举报请发邮件至dbqq@phei.com.cn。
本书咨询联系方式：（010）88254161转1860，jimeng@phei.com.cn。

序言

都说"读万卷书，行万里路"，而地球科学工作者则是在"行万里路中"解读记载地球演化的万卷书。如果把各门学科比作一座座大厦，那么具体的知识就好比一块块砖头、一层层水泥、一条条木地板；而科学的思想、方法及科学的意义则好比大厦的钢筋结构。这套《儿童版地球简史》不过二百多页，但我们想通过这套书，将知识内在的灵魂呈现给孩子们，让他们懂得知识就蕴藏在生活中，和熟悉的事物都有千丝万缕的联系。

《矿物在身边》一册展现了十个生产、生活场景中所用到的矿物；《岩石会说话》一册用"石"的几个同音词来解析岩石；《我们哪里来》一册用倒叙的方式介绍我们的祖先在几十亿年的生命演化过程中经历的事情；《地貌面面观》展示了现代的重要旅游景观与地球演化的关系；《思想代代传》则展现了从古到今的各位先贤如何通过观察和实践给全人类呈现一个真实的地球。

参与本套书籍内容创作的是来自中国地质博物馆具有高级技术职称的专业人员。我们共同的心愿是通过这套书将科学的思想和方法传递给孩子们，让他们了解到科学的重要性。不论他们未来从事什么工作，这些思想和方法都将使他们受益。

目录
contents

 鉴古知今 /6

 远古的人类 /8

 从猿到人的关键一步 /14

 灭绝的史前巨兽 /16

多种多样的史前哺乳动物 /18

 灵长类的起源——来自约5500万年前的齐天大圣 /20

灾难还是机遇 /22

 恐龙家族中的幸存者 /24

龙的时代 /26

 发愤图强的哺乳动物 /28

来自中国的侏罗纪母亲 /30

 哺乳动物的起源和早期演化 /31

 惨烈的大灭绝 /32

 从海洋到陆地 /33

 登上陆地 /34

 大地披绿装 /36

 下颌的出现 /37

 脊椎动物的出现 /38

 原口动物与后口动物 /39

 早期动物胚胎的启示 /40

 32亿年的历练 /41

 生命的诞生 /42

 浓缩的38亿年 /44

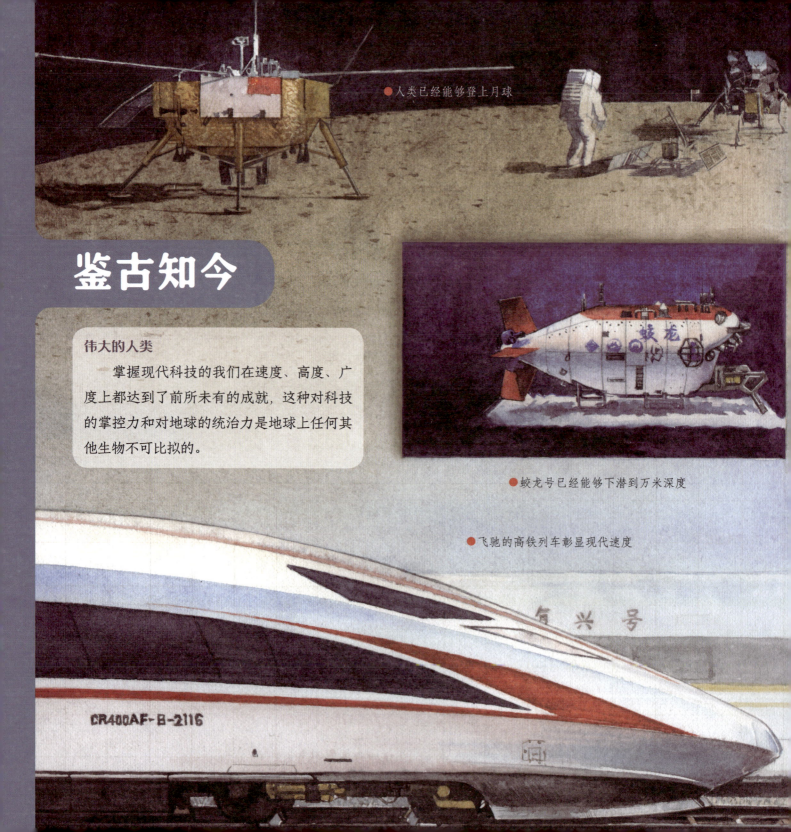

鉴古知今

伟大的人类

掌握现代科技的我们在速度、高度、广度上都达到了前所未有的成就，这种对科技的掌控力和对地球的统治力是地球上任何其他生物不可比拟的。

● 人类已经能够登上月球

● 蛟龙号已经能够下潜到万米深度

● 飞驰的高铁列车彰显现代速度

● 人类基因组图谱——DNA双螺旋结构

● 古生物学家通过化石研究我们从哪里来

我们从哪里来

今天人类的足迹和飞行器可以踏上月球，深潜器可以深入万米深的海底世界，飞驰的高铁列车2小时之内就能走完过去数月才能走完的千里路程。这些都彰显了现代人类的发展成就。然而我们从哪里来呢？这依旧是困扰着人类的未解之谜。

寻踪觅迹

人类是一种生命形式，生命科学可能为回答我们从哪里来提供线索。如今我们正在进行庞大的基因工程测序，但是要想知道人类如何从地球上出现，亿万年前的我们是什么样的，则需要通过古生物学研究来回答。

远古的人类

●希腊帕特农神庙

●女娲造人的传说

●亚当和夏娃的故事

●中国长城

●古玛雅神庙

人类文明发源地

虽然现代文明百花齐放，但是早在几千年前，地球上只有少部分人类群居文明的遗迹被保留下来：美索不达米亚、古埃及、古印度、古巴比伦、古玛雅和中国等。这些地区是现代不同文明的发源地。

美丽的神话传说

千百年前，人们就已经开始探讨我们从哪里来这个问题。西方有亚当和夏娃的故事，中国则有女娲造人的传说。而在科技发达的今天，通过古人类研究，我们可以还原这段真实而精彩的历史过程。

谁是古人？

要了解人类的演化史，我们就要对古人的概念进行澄清。不论是埃及法老、哲学家苏格拉底，还是秦始皇，这些生活在千百年前的"古人"其实都不是"古人类"，而是拥有高度智慧的"现代人"。要探索人类的演化史，我们要追溯到距今几万年甚至几百万年前……

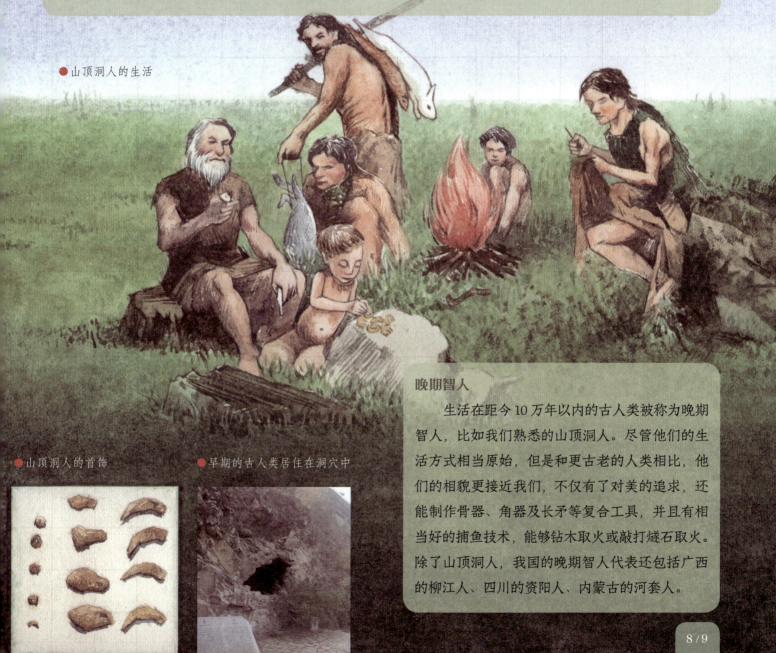

● 山顶洞人的生活

● 山顶洞人的首饰

● 早期的古人类居住在洞穴中

晚期智人

生活在距今10万年以内的古人类被称为晚期智人，比如我们熟悉的山顶洞人。尽管他们的生活方式相当原始，但是和更古老的人类相比，他们的相貌更接近我们，不仅有了对美的追求，还能制作骨器、角器及长矛等复合工具，并且有相当好的捕鱼技术，能够钻木取火或敲打燧石取火。除了山顶洞人，我国的晚期智人代表还包括广西的柳江人、四川的资阳人、内蒙古的河套人。

早期智人

晚期智人之前便是早期智人，这才是真正意义上的古人。早期智人大部分生活于约20万年至10万年前，他们头骨薄，骨骼纤细，脑量已达现代人水平。早期智人的代表是尼安德特人，我国的早期智人化石有广东的马坝人、湖北的长阳人、山西的丁村人、辽宁的金牛山人、陕西的大荔人。早期智人的石器相对于晚期智人来说要粗糙一些，因为他们制作石器主要依靠打制的方式。他们能狩猎巨大的野兽，能用兽皮当作粗陋的衣服，不仅会使用天然火，而且可能已会人工取火。

● 早期智人的狩猎能力大大提升

晚期猿人——直立人

在智人之前是猿人，猿人其实是个很宽泛的概念，从人类出现到智人之前的所有古人类都可以被称为猿人。猿人又可具体划分为早期猿人和晚期猿人。晚期猿人又被称为直立人，顾名思义，其下肢骨能够采取直立的姿势。我国已发现的直立人化石比较多，有云南元谋人、陕西蓝田人、北京人、南京汤山人。直立人是旧石器时代的文化创造者。

●北京人的生活场景

● 能人从相貌上比直立人更接近猿

能人

在直立人之前，距今约260万年前出现的是能人，能人曾被认为是最古老的人种，他们的出现恰好为第四纪开始的时间。能人能制作和使用工具，脑部较大。在人类发展史上，能人是石器时代的先驱者。大约距今200万年，能人在非洲本土演化为匠人，他们离开非洲，扩散到欧亚大陆，演化为直立人。

● 能人能使用简单的石器，人类从此迈入石器时代

南方古猿

能人之前的古人类是南方古猿，主要分布在非洲，其中包含多个种类，如阿法南猿、非洲南猿、粗壮南猿、扁脸肯尼亚人等。南方古猿能够直立行走，但行走时身体前倾，其下肢还保留攀援的特征。他们能使用天然工具，进行简单的劳动，但尚未学会制造工具。

虽然南方古猿身体还有很多猿类的特征，但是他们具有直立行走的姿态，能够使用简单工具，有简单的劳动形式，所以他们也被归入古人类范畴。

● 南方古猿的生活

从猿到人的关键一步

下地吧,猿!

南方古猿之前,是目前科学家普遍认为的人类演化的最早阶段——地猿阶段,这个阶段为距今约700万年到400万年。地猿,顾名思义就是下到地面生活的古猿。目前最早的古人类记录是撒海尔人乍得种。

从猿向人演化

大约700多万年前,地球的气候发生了很大变化,很多森林消失,取而代之的是草原。生活在树上的古猿生活空间变小,为了获得更多食物,一部分古猿下到了地面上。然而地面的生活危机四伏。为了生存,这部分古猿就需要用木棍和石头进行狩猎和防御。至此,猿开始向人类演化。

劳动使人进步

狩猎、防御、采集都是早期的简单劳动形式。劳动促使古猿前肢解放,逐步发展出了直立行走的姿态。劳动也促使脑发育,使古猿的脑容量明显增大。终于,在约700万年前,古猿中的一支适应了地面生活,习惯了直立行走的姿态,能够使用简单的工具,成为当时最有智慧的物种,这就是人类。

灭绝的史前巨兽

生活在同一片天空下

古人类的演化伴随着众多史前巨兽的演化，这些史前巨兽和我们人类一样，都是哺乳动物，它们有的和古人类竞争生存空间，有的是古人类的天敌，更多的则成了古人类的猎物，甚至被驯养为家畜。

象类的祖先

长鼻类，即象类，是哺乳动物中体形最大的陆生类群。现存的长鼻类（象类）目前只有亚洲象和非洲象。象类的演化有 5500 多万年的历史，出现了恐象、铲齿象、剑齿象、猛犸等多种古象类。据研究，猛犸曾经成为古人类的猎物，它们的灭绝与人类的捕杀密切相关。

● 猛犸骨架

●猛犸长牙

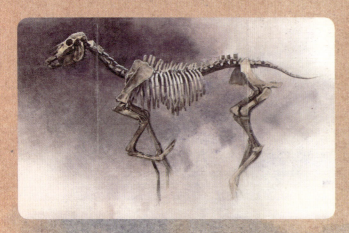

●三趾马化石

●库班猪头骨化石

十二生肖的鼻祖

与人类关系密切的哺乳动物还包括奇蹄目和偶蹄目。这两类动物有很多被人类驯化成了家畜，并成为中国十二生肖中的动物。

奇蹄目和偶蹄目

奇蹄目的代表是马，偶蹄目的代表有骆驼、河马、猪、牛、羊、鹿、长颈鹿等。古代最大的马是埃氏马，它具有世界上最长的马脸。最有名的是三趾马，不仅化石出土数量大，而且埋藏它的红土层中还出土了大量哺乳动物化石，也为研究马的演化提供了证据。

多种多样的史前哺乳动物

在竞争下生存

在史前时代，有些肉食性哺乳动物是古人类的天敌，例如剑齿虎、鬣狗、狼獾等。

● 剑齿虎头骨化石

● 狼獾头骨化石

● 鬣狗头骨化石

灵长类的起源——来自约5500万年前的齐天大圣

人类已经有约700万年的演化史，但是和地球约38亿年的生命演化史相比，我们还是这个世界的新居民。在古猿之前，我们人类的祖先到底是何种动物呢？

● 现生的各种灵长类动物

生灵之长

在当今动物界，我们不难发现猩猩、猕猴、长臂猿、狒狒和人类最为接近。我们都属于一个更大的分类单元——灵长目。"灵长"即生灵之长，是最具智慧的一类动物。

源于生活的特点

灵长类的生活习性主要为树栖和杂食。树栖生活使其四肢灵活，大拇指与其他指分开，有抓握能力；脑颅增大，眼睛大而前视；杂食使其牙齿为低冠瘤形齿。

● 迄今发现的最早的灵长类化石——阿喀琉斯基猴

人是猴子变的吗？

民间传说"人是猴子变的"。虽然这个结论不严谨，但的确有一定道理。因为人类是由古猿进化而来的，而古猿是由古猴类演化而来的。2013年6月6日，国际顶级学术期刊《自然》发表了中科院古脊椎动物与古人类研究所倪喜军研究员等人的成果，他们在对一具最古老的灵长类动物化石做了长达10年的研究后证明：灵长类很可能起源于5500～6000万年前。倪喜军将这一灵长类动物命名为"阿喀琉斯基猴"。它的脚后跟骨头又短又宽，具有明显的类人猿特征，与人类的脚后跟也有共同点。又短又宽的脚后跟骨头为人类直立行走奠定了生物学基础。

灾难还是机遇

哺乳动物的时代

人类是灵长目动物长期演化的结果，而灵长目的发展离不开哺乳动物的繁盛。新生代是哺乳动物的时代，它们不再生活在恐龙的阴影中，有了更多的生存空间。相较恐龙来说，哺乳动物既是弱小的，又是强壮的。因为它们身体恒温，对于气候变化的适应性更强；它们大部分胎生，亲代照料并用乳汁哺育后代，保证了后代较高的成活率。

新的统治者

虽然哺乳动物有很多竞争优势,但是它们成为统治者还要感谢那次灾难。据美国学者阿尔瓦雷斯研究,在约 6600 万年前,一颗近地小天体受到地球引力的影响改变轨道,以几十千米每秒的速度撞击了地球,导致全球大火以及极端气候变化。除鸟类外的各种恐龙因为无法适应环境的变化而灭绝了。体形小、对气候变化忍耐力强的哺乳动物则存活下来,成为新的统治者。

恐龙家族中的幸存者

● 华夏鸟化石

● 赫氏近鸟龙化石

● 顾氏小盗龙化石

● 朝阳长翼鸟化石

● 孔子鸟化石

● 中华龙鸟化石

从龙到鸟的演变

哺乳动物在大型恐龙的阴影中生活了长达1.5亿年,恐龙灭绝后它们才有了发展的空间。其实还有一类小恐龙,它们的身体虽然不能和大型恐龙相比,但是却和哺乳动物一样,在那场惨烈的大劫难中幸存下来,这就是鸟类。在我国辽西地区发现了大量古鸟类及小型带羽毛兽脚类恐龙的化石,把从龙到鸟的演化序列呈现在了古生物学家面前。

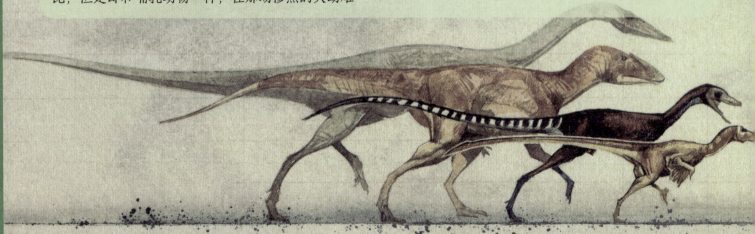

从鳞片到羽毛

从演化路径看,小型兽脚类恐龙的鳞片逐步特化为羽毛,这是为了保暖或炫耀。羽毛最初只在身体局部,后来扩展到全身。羽毛还具有辅助飞翔的功能,最终促使带毛恐龙进化为鸟类。

翱翔天空的秘密

鸟类是如何飞上天空的呢?古生物学界目前有两种观点:树栖说和奔跑起源说。树栖说认为,它们在树上栖息,逐渐从树枝间的跳跃发展到滑翔,最终发展到主动振翅飞翔。奔跑起源说认为,小型兽脚类恐龙在奔跑过程中不断跳跃,逐渐获得向上的动力,这才飞了起来。

龙的时代

庞大的恐龙家族

在地质历史上，距今 2.52 ~ 0.66 亿年的中生代又被称为龙的时代，分为三叠纪、侏罗纪和白垩纪三个纪。在这个时代中，生活着各种各样的恐龙。截至目前，全世界已经发现并命名了 1000 多种恐龙。

蜥脚类与鸟臀类

如此多的恐龙,可以根据骨盆的形态分为两大类。大型的蜥脚类植食性恐龙及所有的肉食性恐龙的骨盆三根骨头(尺骨、坐骨、肠骨)呈现三叉型,与蜥蜴类似,故称为蜥臀目。蜥臀目又下分蜥脚类和兽脚类,现代鸟类就是由兽脚类分出的一支。其他植食性恐龙的骨盆三根骨头呈四射型,与鸟类类似,故称为鸟臀目。鸟臀目下又分甲龙类、剑龙类、鸟脚类、肿头龙类、角龙类。

一统海陆空

不仅陆地是龙的世界,天空和海洋也都由"龙"统治着。天空的统治者是翼龙(一种爬行动物),海中则有各种海洋爬行动物,如鱼龙、蛇颈龙、沧龙等。此外,现生的爬行动物的代表——鳄类、龟鳖类也在"龙"的世界中繁衍生息。

发愤图强的哺乳动物

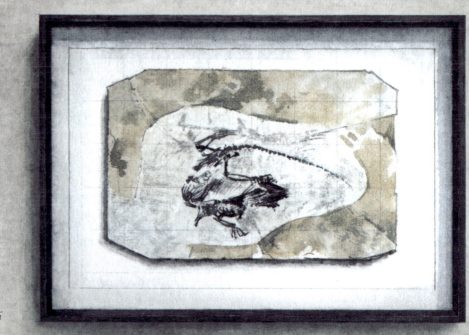

● 胡氏辽尖齿兽化石

耳朵中的"扩音器"

在恐龙统治的时代,弱小的哺乳动物只能不断提升自己的生存技能。除了乳汁哺乳、身体恒温,哺乳动物的听力也较爬行动物有大幅度提升。科学家对胡氏辽尖齿兽化石研究发现,其耳中的三块听小骨由一块被称为麦氏软骨的骨骼与下颌相连。听小骨的作用就是接受耳膜振动后,向内耳放大传递这种振动,它就像在耳中安了一个扩音器,让动物能听见一些原本听不到的声波。这种听力的提升对于小型哺乳动物的生存至关重要,它们能够迅速侦察敌情或者发现猎物。

● 强壮爬兽

● 胡氏辽尖齿兽复原图

● 强壮爬兽捕食恐龙

敢于挑战霸主的兽类

　　一些哺乳动物还具有捕食恐龙的行为。例如在辽西发现的强壮爬兽的胃中就发现了鹦鹉嘴龙幼体的骨骼。在恐龙统治天下的时候，这种捕食恐龙的行为无疑是对霸主地位的挑战。

来自中国的侏罗纪母亲

最早的"真兽"

有句成语叫"人面兽心",比喻某些人心肠如野兽一般。其实根据生物学的分类,"兽"即哺乳动物的代名词,我们人类也属于兽类,即具有胎盘的真兽类。

2009年,中国科学家在辽宁建昌玲珑塔地区发现了最早的真兽类动物——中华侏罗兽。化石产自距今约1.6亿年的地层中,其名称含有"来自中国的侏罗纪母亲"之意,代表已知最古老的真兽类哺乳动物化石记录。

●中华侏罗兽化石

悄然进行的母爱

真兽的特征是胎儿在母亲腹中妊娠,靠胎盘供给营养,出生后能用乳汁喂养。虽然这样的母爱只能在树上悄悄地进行,但是它逐步成了哺乳动物的一项看家本领,为哺乳动物以后统治地球奠定了基础。

● 恐龙时代早期，生活着一些介于爬行动物和哺乳动物之间的过渡物种，如水龙兽

哺乳动物的起源和早期演化

早在约 2 亿 3000 多万年前的三叠纪早期，哺乳动物就已经在地球上出现。早期的一些介于哺乳动物和爬行动物之间的过渡物种为探索哺乳动物的起源提供了依据。这类动物曾经得名似哺乳爬行动物，例如水龙兽、肯氏兽。

哺乳动物是从下孔类爬行动物进化而来的。由爬行动物向哺乳动物进化的过程中，下颌的变化是最为明显的，即从爬行动物的多块骨骼向单一的下颌骨演变。早期哺乳动物的特点是体形小，适合树上栖息，有的还能滑翔。

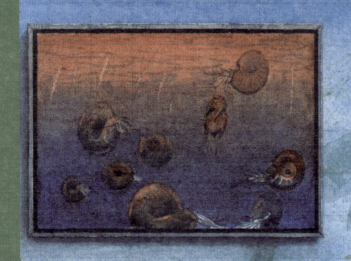

恐龙时代是陆地生物大发展的时代,也是脊椎动物大繁荣的时代。除了统治地球的恐龙,人类的远祖——早期的哺乳动物也已出现。但在恐龙时代之前的二叠纪末,地球经历了一次惨烈的大灭绝,约96%的物种就此消失。

这次大灭绝的原因科学家还在探索,但是联合大陆的形成导致的气候异常,以及海中出现的严重缺氧现象被普遍认为是这场灾难的罪魁祸首。

大萧条之后约500万年内,地球上几乎一片沉寂。

惨烈的大灭绝

顽强的生命力

生命的伟大之处就在于面临一次次的灾难和灭绝,仍能顽强挺过,在环境转好后迅速爆发。大灭绝为大型动物的演化腾出了空间,从距今约2.4亿年起,先是大海成了名副其实的"龙宫",之后陆地上的爬行动物也开始了大发展,爬行动物中的一支进化成了当时的霸主——恐龙,还有一支则向着哺乳动物演化。

从海洋到陆地

神奇的羊膜结构

　　哺乳动物是由爬行动物的一支进化而来的,爬行动物则是由两栖动物进化而来的。爬行类及其后裔和两栖动物之间最本质的区别是它们的卵结构不同。爬行类的卵具有特殊的羊膜结构,所以爬行类可以在陆地上产卵并孵化。而两栖类的卵和鱼卵一样,不具有羊膜结构,因此虽然两栖类可以暂时脱离水体活动,但它们必须在水中产卵,在水中孵化。

　　羊膜卵的外层有一层卵壳,为坚硬的石灰质或柔韧的纤维质。卵壳内有一层致密的薄卵膜,可以保护卵免受机械损伤、微生物侵害,也可以防止水分快速散发。

● 长形蛋

● 青蛙的卵不是羊膜卵

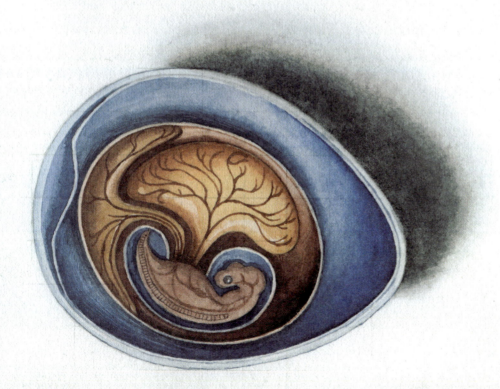

登上陆地

最原始的两栖动物

爬行动物由两栖动物进化而来，最原始的两栖类为鱼石螈类。它们虽然已出现了一些适应陆上生活的重要特征，但仍主要生活在水中，有残余的鳃盖骨，拖着一条鱼形的尾鳍，覆盖鳞片。

进化过程中的大事

两栖动物由鱼类进化而来。在进化过程中，脊椎动物登陆是生命进化史上的一次革命。脊椎动物由此进入一个全新的生活环境，并开始朝着适应在陆上生活的各种路线发展，也为以后适应空中生活打下了基础。

解决难题，登上陆地

从适应水中生活的鱼类到适应陆上生活的两栖类，脊椎动物要面临许多重要的问题，如呼吸问题、行动问题、干燥问题和重力问题等。

鱼类通常用鳃从水中获得氧气，陆生脊椎动物则用肺从空气中摄取氧气，不过这个问题已经由它们的鱼类祖先解决了。在肺鱼中，鳃仍为其主要的呼吸器官，但同时也发育了与鱼鳔同源的肺。连通鼻腔和口腔的内鼻孔是脊椎动物适应陆上生活的重要特征。两栖类离水以后，如何支撑体重也是一大难题。为适应重力的作用，两栖类发育出强壮的脊椎骨与强有力的肢体。其祖先肉鳍鱼类脊椎骨的那些比较简单的"盘"或"环"，到两栖类已经成为互相连锁着的结构，加上肌肉和韧带，共同形成了支持身体的强有力的水平的脊柱。肉鳍鱼类具中轴骨的支鳍骨到了两栖类也进一步进化成了具有指（趾）头的爪子，可以更有效地长时间支撑它们的身体。

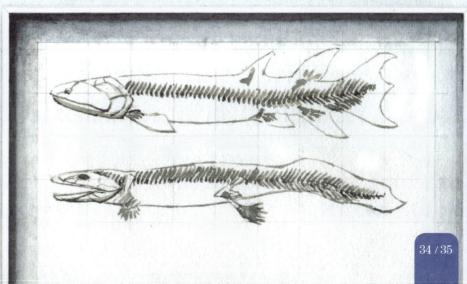

● 鱼类和陆生脊椎动物的骨骼

● 一些肉鳍鱼类登陆，进化成了四足动物。可以说，它们是人类更早的远祖

大地披绿装

脊椎动物要登上陆地，还需要环境的配合。陆地上要有可以呼吸的氧气，还要有足够的食物。而植物的登陆为动物的登陆创造了条件。陆地不像水中有浮力支撑，所以植物登陆首先要解决的就是支撑问题。另外陆地植物从环境中吸收的无机物主要来自土壤而不是水体，所以它们也需要一套复杂的疏导组织来供给整个植物体营养。维管束的出现同时解决了这两个问题。此外植物登陆还需要解决繁殖问题，登陆之后，植物的繁殖不能再借助水，而需要靠风或其他生物。

孢子和孢子囊的出现使植物繁殖摆脱了对水的依赖。约4亿年前，一些低等的维管植物（如云南工蕨）登陆，它们的光合作用为空气中增加了大量氧气，使动物登陆成为可能。

● 云南工蕨化石

人和鱼有什么共同点？

之前提到的进化成四足动物的肉鳍鱼属于硬骨鱼类。硬骨鱼类是当今地球水域中最成功的动物，它们广泛适应地球上的溪流、河、湖、海洋等各种深度的水体。

除了硬骨鱼类，鱼形动物还

下颌的出现

● 初始全颌鱼　　● 初始全颌鱼化石　　● 早期盾皮鱼类——大头中华鱼化石

动动下巴的大事件

颌的出现是生命进化史上的一次革命性事件。由第一对鳃弓演变过来的上下颌提高了鱼类及其后裔的取食和咀嚼功能，增强了它们的生存竞争能力。最原始的鱼，也就是无颌类，是没有上下颌的，只有一个布满牙齿的圆口。它们进食的方式就是吸吮和狼吞虎咽，当然品尝不出食物的滋味。随着进化，一些无颌类的前两个鳃弓（也叫鳃弧）逐步进化成原始的上下颌。上下颌在进化过程中可谓"添砖加瓦"式地硬化，也就是属于外骨骼系统的骨片不断被整合入颌部，使其更加坚硬、更加灵活。

括软骨鱼类、盾皮鱼类、棘鱼类及无颌类。除了无颌类，其他鱼类和陆生四足动物（包括我们人类）有一个共同特征，那就是具有颌弓，即上下颌，因此统称为有颌类。

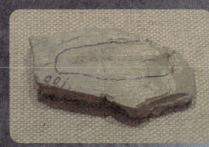

● 海口鱼

脊椎动物的出现

第一条有脊梁的鱼

　　脊椎动物的出现是生物演化中的重要事件，从无脊椎动物到脊椎动物一般经历如下环节：介于原口动物和后口动物之间的古虫类；仅有尾部、有脊索的尾索动物；脊索纵贯全身但没有头骨和头部器官分化的头索动物（也称为无头类）。

　　最终，在约5.3亿年前，在云南的远古大海中，有头、有脊梁骨的高等动物出现了。这条蠕虫状的古老鱼类因为发现于昆明海口镇的耳材村，故得名耳材村海口鱼。

长成却未长开的鱼

　　海口鱼有一对外露的大眼睛，前端有单鼻孔和嗅囊，眼后还有可能存在耳囊，这足以表明它有明确的脑分化，和那些无头类相比，感知外部世界的能力大大加强。它拥有至少6对鳃裂，也拥有脊椎动物特有的双V形肌肉分解形式，但是它还没有眼眶骨，没有上下颌，不能咀嚼。可以说它是一条已经"长成"（跨入脊椎动物行列）但还未"长开"（很原始）的鱼。

原口动物与后口动物

● 海百合（化石），棘皮动物的一种，也是一种后口动物

我们都知道动物是从单细胞发育而成的。单细胞分裂形成空心圆球状，然后，其中一端向里凹陷，就像瘪了的皮球。如果将其纵向切开，就会发现胚胎呈U形。U形的口发育成动物的嘴的动物叫作原口动物；U形的口发育成肛门，在U形的底部再开一个口，发育成嘴的动物则叫作后口动物。大部分无脊椎动物是原口动物；棘皮动物、半索动物、头索动物、尾索动物和脊椎动物都属于后口动物

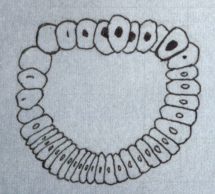
● 笔石（化石）——一种半索动物

脊索动物代表着动物进化至今的最高峰，也是后口动物碾压原口动物最辉煌的成果。

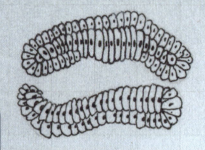

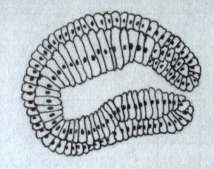

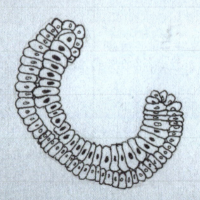

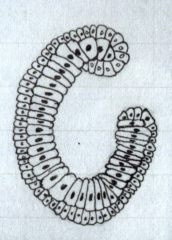

● 胚胎石化图

瓮安生物群产地

早期动物胚胎的启示

人有高矮胖瘦，动物有大有小。然而最初每个个体都是由一个受精卵细胞经过不断的分裂发育而来的。这种分裂过程是从何时开始的呢？

古老的瓮安生物群

1995年，中国科学院南京地质古生物研究所的学者在贵州瓮安前寒武纪陡山沱组的地层中发现了一些球状化石（被认为是动物胚胎）。它的细胞与普通细胞不同，每分裂一次，单个细胞的体积就比母细胞减小一半，而整个细胞聚合体的体积几乎保持不变，这一特点与动物胚胎的发育过程非常类似。这个发现至少表明大约6.3亿年前，多细胞动物就出现了。

32亿年的历练

向前追溯

我们的寻祖之旅顺着瓮安的胚胎化石再往前追溯，就追溯到多细胞生物的起源。大多数学者认为多细胞生物起源于类似鞭毛虫的原生动物。目前在我国发现了15.6亿年前的多细胞生物群，表明多细胞动物至少在那时已经出现，将多细胞动物的历史大大向前推进了。

共同的祖先

地球上所有的多细胞生物，无论身体结构多么复杂，进化地位多么高等，都起源于一个共同的祖先：单细胞生物。单细胞生物既有真核生物也有原核生物。从原核生物到真核生物的演化也是生命演化史上的重大事件。

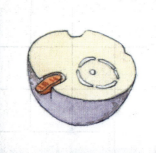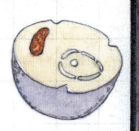

从原核细胞到真核细胞的演变

原核细胞的细胞膜向内凹陷，形成核膜，便形成了原始的、有真正细胞核的真核细胞。这种真核细胞吞噬了一些好氧的细菌和蓝细菌，但又"消化"不了，于是这些被吞噬的细菌就逐渐成了真核细胞内的细胞器，与真核细胞共同生活，这叫作"内共生"。

生命的诞生

从无机到有机

1953 年,芝加哥大学的研究生米勒设计了一个装置:在一个烧瓶中装入甲烷、氢气、氮气等混合气体,模拟原始大气,并连接两个电极;在另一个烧瓶中装入纯净水,模拟原始海洋;两个烧瓶用导管连接。米勒对混合气体放电,并将放电后产生的物质通过导管导入装有纯净水的烧瓶。一周后,米勒发现水变红,并从中提取出包括氨基酸在内的 20 种有机物。这个实验证实了组成生命的有机物质可以在无机界合成,是对人类探索生命起源与演化的重大贡献。

生命的起点

目前最早的可靠化石记录是在澳大利亚发现的距今约 34.65 亿年的细菌化石。但是古生物学家根据其发育的程度认为生命真正的起点比它还要早至少约 3 亿年,也就是大约 38 亿年前(还有一种说法是约 40 亿年前)。

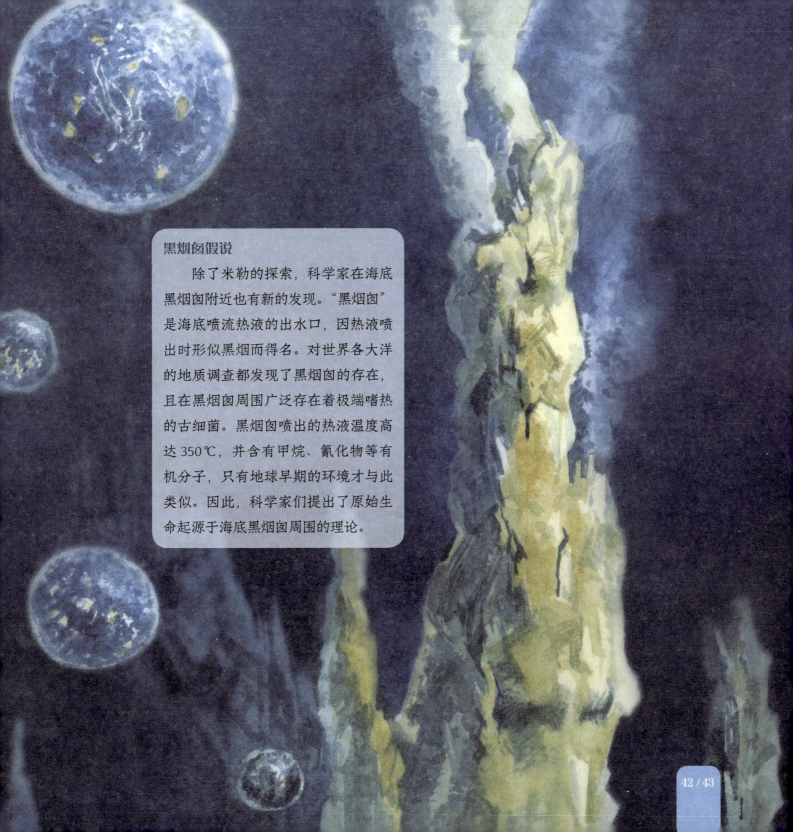

黑烟囱假说

除了米勒的探索,科学家在海底黑烟囱附近也有新的发现。"黑烟囱"是海底喷流热液的出水口,因热液喷出时形似黑烟而得名。对世界各大洋的地质调查都发现了黑烟囱的存在,且在黑烟囱周围广泛存在着极端嗜热的古细菌。黑烟囱喷出的热液温度高达350℃,并含有甲烷、氰化物等有机分子,只有地球早期的环境才与此类似。因此,科学家们提出了原始生命起源于海底黑烟囱周围的理论。

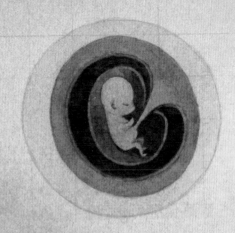

浓缩的38亿年

在娘胎里体验生命演化的整个过程

从生命诞生到人类出现,经过了约38亿年的演化,其实这个演化过程我们在出生前都经历过。从受精卵形成,到胚胎发育完好、脱离母体,大约需要280天。胚胎发育的过程就像生物进化的整个过程:精卵结合,与生物进化史中的单细胞阶段相似;受精卵的分裂与单细胞发展为多细胞阶段相似;早期胚胎出现体节相当于无脊椎动物阶段;早期胚胎出现脊索,类似于无脊椎动物向脊椎动物进化的过渡类型;2个月的胚胎出现了与两栖动物和爬行动物类似的尾巴;第3个月尾巴消失;5个月时有了人形,除手掌、脚掌外遍身出现毛发,与哺乳动物类似;7个月后,胎毛脱落,但是胎毛的排列与猿类很相似。

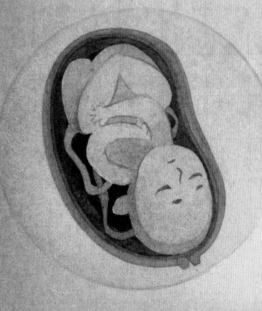

儿童版地球简史

思想代代传

尹超 王妍 /编著　宋铭 /绘

电子工业出版社
Publishing House of Electronics Industry
北京·BEIJING

未经许可，不得以任何方式复制或抄袭本书之部分或全部内容。
版权所有，侵权必究。

图书在版编目（CIP）数据

儿童版地球简史. 思想代代传 / 尹超, 王妍编著；宋铭绘. -- 北京：电子工业出版社，2023.4

ISBN 978-7-121-45151-5

Ⅰ.①儿… Ⅱ.①尹… ②王… ③宋… Ⅲ.①地球科学-儿童读物 Ⅳ.①P-49

中国国家版本馆CIP数据核字（2023）第040437号

责任编辑：赵 妍 季 萌
印　　刷：天津画中画印刷有限公司
装　　订：天津画中画印刷有限公司
出版发行：电子工业出版社
　　　　　北京市海淀区万寿路173信箱 邮编：100036
开　　本：889×1194 1/20 印张：12.5 字数：176.75千字
版　　次：2023年4月第1版
印　　次：2023年4月第1次印刷
定　　价：188.00元（全5册）

凡所购买电子工业出版社图书有缺损问题，请向购买书店调换。若书店售缺，请与本社发行部联系，联系及邮购电话：（010）88254888，88258888。
质量投诉请发邮件至zlts@phei.com.cn，盗版侵权举报请发邮件至dbqq@phei.com.cn。
本书咨询联系方式：（010）88254161转1860，jimeng@phei.com.cn。

序言

都说"读万卷书，行万里路"，而地球科学工作者则是在"行万里路中"解读记载地球演化的万卷书。如果把各门学科比作一座座大厦，那么具体的知识就好比一块块砖头、一层层水泥、一条条木地板；而科学的思想、方法及科学的意义则好比大厦的钢筋结构。这套《儿童版地球简史》不过二百多页，但我们想通过这套书，将知识内在的灵魂呈现给孩子们，让他们懂得知识就蕴藏在生活中，和熟悉的事物都有千丝万缕的联系。

《矿物在身边》一册展现了十个生产、生活场景中所用到的矿物；《岩石会说话》一册用"石"的几个同音词来解析岩石；《我们哪里来》一册用倒叙的方式介绍我们的祖先在几十亿年的生命演化过程中经历的事情；《地貌面面观》展示了现代的重要旅游景观与地球演化的关系；《思想代代传》则展现了从古到今的各位先贤如何通过观察和实践给全人类呈现一个真实的地球。

参与本套书籍内容创作的是来自中国地质博物馆具有高级技术职称的专业人员。我们共同的心愿是通过这套书将科学的思想和方法传递给孩子们，让他们了解到科学的重要性。不论他们未来从事什么工作，这些思想和方法都将使他们受益。

目录
contents

郦道元：
开创历史先河的地理学家 /6

沈括
——小错误中见大真理 /8

徐霞客
——行万里路，写万卷书 /10

斯丹诺
——地质学与地层学之父 /14

莱伊尔
——找到打开史前大门钥匙的人 /16

史密斯
——用化石丈量地球"年轮"的人 /18

居维叶
——建立灭绝概念的古生物学家 /20

拉马克
—— 进化论的先驱 /22

休斯
—— 大地构造学先驱者 /24

达尔文
—— 进化论的奠基人 /26

赫胥黎
—— 鸟类起源于恐龙理论的提出者 /30

魏格纳
—— 一生探险的科学家 /34

赫斯
—— 提出海底扩张学说的海军军官 /38

李四光
—— 在石头中为祖国寻宝的人 /42

年少立志

公元 466 年,郦道元出生在一个官宦世家。他少年时便随父亲游历,对祖国的大好河山产生了由衷的热爱,立志为西汉后期桑钦编写的地理著作《水经》做注。

郦道元:开创历史先河的地理学家

● 郦道元考察大同火山

旷世地理巨著

郦道元所著的《水经注》共四十卷，三十多万字，看似是为《水经》做注，实际是以《水经》为纲，详细记载了他在野外考察中取得的大量成果，包括历史遗迹、人物掌故、神话传说等，是中国古代最全面、最系统的综合性地理著作之一，历代许多学者专门对它进行研究，甚至还形成了一门学问——郦学。

文学艺术的珍品

《水经注》中的文字生动形象、新颖多变，光是形容瀑布，就用到了洪、悬流、悬涛、颓波、飞泉、飞流等不同的词汇。明代学者曾把此书中的出色描写摘录成编，吟诵欣赏。我们的语文课本也选取了《三峡》这样的名篇，从中足见《水经注》在文学上的造诣。

万里河山，千秋家国

郦道元在《水经注》中记录了1252条河流及沿河的山脉、土壤、气候等相关情况，甚至还有火山的活动特点。他生活在政局分裂时代，从未见到过统一的中国，他的著作却以曾经大一统的西汉王朝的疆域作为叙述范围，足见他对祖国大好河山的热爱和对国家统一的希冀。

沈括——小错误中见大真理

木贼

新芦木化石

化石一词的由来

远古生命留在地层中的遗体、遗迹和遗物被称作化石，那"化石"一词是从哪里来的呢？这要从将近1000年前的一部科学著作——《梦溪笔谈》说起。《梦溪笔谈》是北宋政治家、科学家沈括所著的综合性笔记体著作，他在书中描述了他在陕西发现的一种"竹笋化石"："……土下得竹笋一林……根干相连，悉化为石。""悉化为石"后来便成为"化石"一词的词源。

"竹笋"的真貌

沈括描述的"竹笋"到底是什么呢?古生物学家实地考察后认定,"竹笋"是一种已经灭绝的蕨类植物——新芦木,和现代木贼草类似。它分节的茎和细长的叶子,很容易让人把它和竹子联系在一起,其实它和竹子并没有任何亲缘关系。虽然沈括判断有误,但是考虑到1000年前生物分类学还未建立起来,这样的错误就不算大了。

打开史前大门的钥匙

沈括在书中还写道:"延郡素无竹,此入在数十尺土下,不知其何代物,无乃旷古之前,地卑气湿而宜竹邪?"意思是干旱的陕西延州并没有竹子,而在土中发现了成片的竹子化石,说明这里在远古时期气候温暖湿润,适宜竹子生长。沈括根据今天竹子的生长环境来反推陕西延州的古环境,运用的正是研究史前的基本原理——将今论古。生活在千年前的古人便已懂得:打开史前世界大门的钥匙就是今天我们对自然现象的认识,而开门的过程就是用今天的原理进行反推。

卓越的科学家

沈括一生致力于科学研究,在数学、物理、化学、天文、地理、水利、医药、经济、军事、艺术等领域都有很深的造诣和卓越的成就。他的著作《梦溪笔谈》更是具有世界性的影响,日、法、德、英、美、意等国家都有学者、汉学家对《梦溪笔谈》进行过系统又深入的研究,英国科学史家李约瑟评价《梦溪笔谈》为"中国科学史上的里程碑"。

1979年,中国科学院紫金山天文台为了纪念沈括,将1964年发现的一颗小行星(编号2027)命名为"沈括星"。

● 三叠纪时的新芦木和现代木贼草一样生长在水边

徐霞客——行万里路,写万卷书

志在四方

徐霞客幼年便博览群书,立下"大丈夫当朝碧海而暮苍梧"的大志。19岁时,父亲去世,他很想外出探询名山大川的奥秘,但因为有年迈的母亲,不忍成行。22岁时,在母亲的鼓励下,他头戴母亲为他做的远游冠,肩挑简单的行李,离开了家乡。

千古奇人

在完全没有他人资助的情况下,徐霞客在30多年间先后4次进行了长距离的跋涉,足迹遍及今天的江苏、山东、陕西、河南、安徽、江西、广东、湖北、广西、云南、北京、上海等21个省、市、自治区。撰成了60万字地理巨著《徐霞客游记》,被称为"千古奇人"。

《徐霞客游记》开篇之日(5月19日)被定为"中国旅游日"。

● 徐霞客几十年的考察成果最终汇集到巨著《徐霞客游记》中

千古佳作

《徐霞客游记》既是地理学上珍贵的文献,又是笔法精湛的游记文学,有人称赞它是"世间真文字,大文字,奇文字"。

徐霞客把桂林叠彩山层层叠叠的山石比作浪花和鲜花,说是"如浪痕腾涌,花尊攒簇,令人目眩";把玉女峰比作头戴花饰的少女,说是"顶有春花,宛然插髻";他写龙虎山龟峰的水帘洞是"时朔风舞泉,游洋乘空声色俱异。霁色忽开,日采丽崖光水低徘徊不能去"。

长江之源

从战国开始,人们一直认为岷江是长江的源头。徐霞客带着疑问亲自去三秦、五岭、石门、金沙江等地区考察,最终查出金沙江起源于昆仑山,比岷江长1000多千米,于是他断定金沙江才是长江的源头。徐霞客的这一论证使长江的长度增加了1000多千米,成为中国第一长河。

● 徐霞客对长江源头进行探索,否定了岷江是长江源头的观点

● 徐霞客先后对100多个溶洞进行考察

科学考察的先驱

徐霞客在湖南、广西、贵州和云南先后对100多个溶洞进行了考察，并最先指出溶洞是流水侵蚀造成的，钟乳石则是由于石灰岩溶于水，从石灰岩中滴下的水蒸发后，石灰沉淀而成的。这些见解大部分是正确的。徐霞客去世后100多年，欧洲人才开始考察石灰岩地貌，徐霞客称得上是世界最早的岩溶地貌学者。

斯丹诺——地质学与地层学之父

地球史书

成层的地层就像记载地球历史的万卷书。我们现在看的书第一页在上，最后一页在下；但是这本记载地球历史的书却刚好相反：古老的地层在下面，年轻的地层在上面。这个重要原理的提出者就是丹麦地质学家尼古拉斯·斯丹诺。

● 斯丹诺画像

● 斯丹诺给费迪南二世做私人医生

传奇人生

斯丹诺1638年出生于丹麦哥本哈根，21岁时他就决定不轻易接受书本中所写的结论，而是要亲自研究。22岁那年，他离开故乡，到荷兰的大学去学习医学。27岁那年，斯丹诺去了意大利的佛罗伦萨，定居下来，还被任命为托斯卡纳大公斐迪南二世的医生。此外，他还担任过帕多瓦大学的教授、解剖学专家、牧师等。

从鲨鱼牙齿中得出的结论

斯丹诺在解剖学研究过程中，将岩石中发现的"舌形石"与现代鲨鱼牙齿进行比较，得出了正确的解释：岩石中的舌形石就是古代鲨鱼的牙齿，牙齿被沉积物包裹，最终成为岩石。斯丹诺又对岩层进行观察，提出下面的地层先沉积形成，而盖在上面的地层后沉积形成，因此地层是下老上新的。

● 斯丹诺认为下部地层和上部地层的关系就像鲨鱼牙化石和周围围岩的关系，地层是下老上新的。

莱伊尔——找到打开史前大门钥匙的人

地球已经走过了46亿年的漫长岁月,而人类历史只不过区区几百万年。我们还不能像科幻小说那样穿越时空,去看看史前世界,但我们已经找到了打开史前世界大门的钥匙。这要感谢19世纪的英国地质学家——查尔斯·莱伊尔。

兴趣变事业

莱伊尔的父亲是一位小有名气的植物学家,也是第一个让他接触自然博物学的人。莱伊尔从小就跟随父亲到野外观察自然,逐渐对自然的演变及山石、岩层产生了浓厚的兴趣。1816年,19岁的莱伊尔从著名的高等学府——牛津大学毕业,从此开始了作为地质学家的生涯。

● 莱伊尔小时候和父亲一起观察自然

● 从牛津大学毕业后,莱伊尔开始了地质生涯

伟大的论著

1830年,莱伊尔出版了他一生中最为伟大的论著——《地质学原理》。他在书中指出地球的变化是古今一致的,地质过程是相对缓慢的。地球的过去只能通过今天的地质作用来认识,也就是说,"现在是认识过去的一把钥匙"。

● 《地质学原理》的扉页,以意大利的大理石石柱作为地壳升降的证据

莱伊尔提出,尽管自然界是千变万化的,但是从一个长期乃至永恒的时间来看,这些变化都在一定的规律下以相对恒定的速率进行。我们今天看到的各种山川河流、峡谷和洞穴都是自然过程不断累积的结果。

● 莱伊尔像

现代地质学的鼻祖

莱伊尔的均变论思想在诞生后的一百多年里,一直是地质学的信条,奠定了现代地质学的科学基础。达尔文的进化论也受到了该理论的启发,因此莱伊尔被人们称为现代地质学的鼻祖。

史密斯——用化石丈量地球"年轮"的人

宝贵的机会

威廉·史密斯 1769 年出生在英国的一个农民家庭。7 岁时父亲去世,他由叔叔领养,后来进入乡村学校读书。虽然乡村学校的教育水平与贵族学校有着天壤之别,但正是这宝贵的受教育机会使他接触到测绘学,从而推开了地质生涯的大门。

史密斯参加新运河的施工工作

● 史密斯借助野外工作观察岩层中的化石

地质生涯的开端

1787 年,史密斯开始给测绘员当助手。1795—1799 年,他参与了新运河的施工工作。这几年风餐露宿的生活,不仅使史密斯成为工程测绘的能手,也让他有更多机会接触野外的岩层露头。

化石的"门牌号"

史密斯注意到,埋藏在岩层中的化石也像我们居住的楼房一样有"楼层"和"门牌号",也就是说特定的化石种和化石组合只埋藏在一定的层位中。我们可以根据岩层中的化石面貌,判断地层的新老,进行地层的对比。这就是著名的化石层序律。今天我们使用标准化石给地层定年代的方法依据的就是这一定律。史密斯一生清贫坎坷,但他留给地质学界的财富不可估量。

英国第一张地质图

史密斯曾花费 15 年时间,徒步、骑马或乘车走遍英国各地,并根据岩石的年龄和沉积方式对它们进行分类。1815 年,他完成了英国首张地质图。这张地质图显示,在英国分布的很多岩石层就像拿破仑蛋糕一样,是一层一层的,这种地质结构只有经过几百万甚至几亿年的日积月累才能形成。

● 史密斯画像

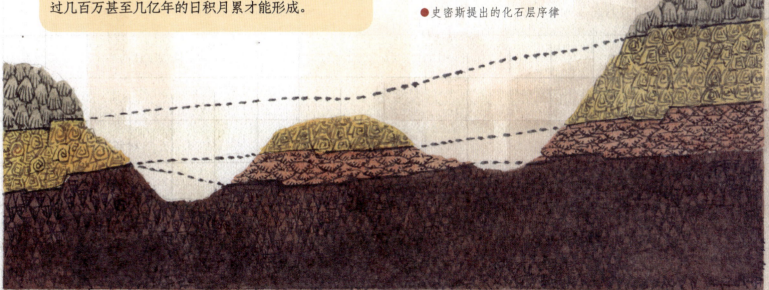

● 史密斯提出的化石层序律

居维叶——建立灭绝概念的古生物学家

乔治·居维叶1769年出生于法国蒙贝利亚尔。15岁时就来到德国斯图加特卡罗林学院学习比较解剖学。虽然他相信物种是不变的,但他的解剖学工作却为后来进化论的建立提供了重要证据。

● 恐龙灭绝可能是一场灾变的结果

地球的灾变

1812年,居维叶发表《四足动物骨化石研究》,1825年与《引言》一文合并,题名《地球表面灾变论》出版。他认为,地球在短时期内曾发生多次巨变,每次陆地上升,洪水泛滥,物种毁灭,地球面貌都会发生变化。

生物的进化就是因为一次次灾变,导致老物种消亡和新物种产生。每当经过一次巨大的灾害性变化,就会使几乎所有的生物灭绝。这些灭绝的生物沉积在相应的地层,变成化石被保存下来。恐龙的灭绝可能就是一次灾变的结果。

解剖学和古生物学的创始人

居维叶发表《比较解剖学讲义》,提出"器官相关律",认为动物每一器官的解剖构造,与其自身其他器官在功能上是互相联系的;而各器官功能与构造上的特点,则是与环境相互影响的结果。他的这种思想来源于对大象的研究。他指出非洲象与亚洲象是两个不同的种,猛犸是一种更接近亚洲象的灭绝动物,并根据解剖学指出北美发现的所谓猛犸化石是另一个灭绝的新属——乳齿象。居维叶首次论证了现存种类与灭绝种类之间在形态和"亲缘"上的相互联系,这为生物进化论提供了科学的证据。

● 居维叶通过解剖学研究发现亚洲象与猛犸更具亲缘关系

拉马克——进化论的先驱

● 拉马克和卢梭探讨问题

● 长颈鹿为了够到高处的树叶，在长期进化中，脖子越来越长

伟大的思想家与年轻的科学家

让·巴蒂斯特·拉马克1744年出生于法国皮卡第，24岁结识了伟大的思想家卢梭。卢梭经常带拉马克到自己的研究室参观，并向他介绍了许多科学研究的经验和方法。在那里，拉马克深深地被生物科学迷住了，由一个兴趣广泛的青年，转向专注于生物学研究的学者。

● 年轻的拉马克开始研究植物学

● 蛇的祖先是长脚的，后来四肢退化。也就是说可以把蛇看作四肢退化的蜥蜴

《物种起源》的理论基础

通过多年的观察研究，拉马克于1809年发表了《动物哲学》一书，系统阐述了他的进化观点：生物经常使用的器官会逐渐发达，不使用的器官会逐渐退化，是为"用进废退说"。

伟大的生物学家，进化论的奠基人——达尔文于1859年出版了《物种起源》，成为生物学史上的一个转折点。但拉马克早于达尔文诞生之前就在《动物学哲学》里提出了生物进化的学说，为达尔文进化论的产生提供了一定的理论基础。

休斯——大地构造学先驱者

● 修斯画像

超前的假设

早在 19 世纪，就有人提出了一个假设：目前已知的许多陆地板块，在早期历史上曾是连接在一起的，他就是奥地利的地质学家爱德华·休斯。

迁居激发的兴趣

1831 年，休斯出生于英国伦敦，3 岁时随家人迁居捷克，14 岁又定居奥地利。童年的这两次迁居使休斯饱览欧洲的山水风光，也使他对地质学产生了兴趣。19 岁时，休斯就发表了第一篇关于地质学的论文，26 岁就成了维也纳大学的地质学教授。

● 修斯在进行野外地质工作

超级大陆

在休斯的地质研究生涯中,最难忘的莫过于在阿尔卑斯山的伦巴第低地和亚平宁山脉一带开展的地质调查工作,这也为他的学术思想提供了丰富的野外经验和材料。他根据在野外岩层中采集的岩石和化石标本,提出地球在某个远古时期只有两块大陆,北方的是劳亚古陆,南方的是冈瓦纳古陆;在两个大陆之间曾经存在一个古地中海,而今天的地中海是古地中海的残余部分。

伟大先驱

1885 年,休斯在其所著的《地球的面貌》一书中提出了"地台"的概念。后来逐步发展为大地构造学中一个重要的学术流派——地台地槽学说。可以说,休斯是大地构造学的先驱者之一。1895 年,休斯当选为瑞典皇家科学院院士,1903 年获得英国皇家学会科普利奖章。后来,人们为了纪念休斯的贡献,分别将月球和火星上的一座环形山以休斯的名字命名。

● 休斯认为远古时期地球存在两个超级大陆——北方的劳亚古陆和南方的冈瓦纳古陆

达尔文——进化论的奠基人

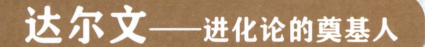
● 达尔文随贝格尔号开启环球旅行

一生的热情所在

  1809年2月12日,达尔文出生于英国的一个医生世家,家人都希望他将来继承祖业。16岁那年,他被父亲送到爱丁堡大学学医。可达尔文从小喜欢自然,学医期间仍然到野外采集动植物标本。1828年,父亲一怒之下将他送到剑桥大学改学神学,但达尔文仍对自然科学抱有浓厚兴趣。在剑桥大学学习期间,他结识了著名植物学家亨斯洛和地质学家塞奇威克,开始了植物学和地质学训练。

● 达尔文在野外随地质学家采集化石

● 达尔文师从植物学家亨斯洛观察植物

环游世界

1831 年，在亨斯洛的推荐下，达尔文以博物学家的身份参加英国海军贝格尔号（小猎犬号）环游世界的科考航行。1836 年，贝格尔号返抵英国。5 年的环球航行不仅改变了达尔文的一生，也改变了生命科学发展史。达尔文采集了大量标本，包括 1529 个保存在酒精瓶中的标本和 3907 个风干的物种标本，还写下了 368 页动物学笔记、1383 页地质学笔记及 770 页日记。

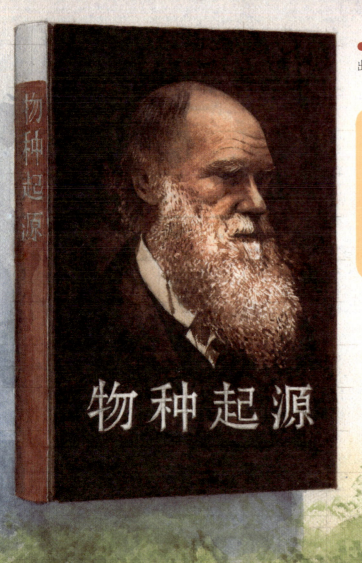

● 达尔文的《物种起源》被译成多国文字出版，至今仍是世界生物学的一本教科书

科学巨著

从儿时对自然的痴迷，到3年剑桥大学的学习、5年的考察以及随后23年的研究和积淀，1859年，达尔文最终写成了科学巨著《物种起源》。这部著作以全新的生物进化思想推翻了"神创论"和"物种不变"的理论，引起了整个人类思想的巨大革命。

● 自然选择学说：物竞天择，适者生存

为生存而斗争

《物种起源》提出，形形色色的生物是在遗传、变异、生存斗争和自然选择中不断发展变化的。同一群体中的个体会存在变异，那些能适应环境的变异个体存活下来，不适应环境的变异者则被淘汰。如果自然条件的变化是有方向的，则经过长期的自然选择，微小的变异会积累成为显著变异，由此可以导致亚种和新种的形成。

1882年4月19日，达尔文因病去世，他的遗体被安葬在牛顿墓旁。

● 达尔文在加拉帕戈斯群岛上的考察为进化论的提出奠定了重要基础

赫胥黎——鸟类起源于恐龙理论的提出者

● 赫胥黎从火鸡骨头中获得启发

刻苦的科学家

1825年,赫胥黎生于英国。由于家境贫困,他只在8岁到10岁受过两年正式教育,但这不妨碍刻苦的他成为一名科学家。赫胥黎20岁时就发表了第一篇科学论文,描述了毛发内壳中的一层构造,即赫胥黎层。和达尔文一样,赫胥黎也获得了出海考察的机会。1846年,他登上英国海军响尾蛇号出海,到达南半球,开始海洋古脊椎动物的研究,多年的实践使他练就了一双慧眼。

火鸡中的秘密

1868年,赫胥黎在一次晚宴上发现盘中的火鸡骨骼与恐龙骨骼十分相似。第二天,他就到博物馆仔细研究火鸡骨骼和恐龙骨骼,又将恐龙骨骼和现代鸟类的骨骼进行对比研究,发现单腿骨一项,二者就有35处相同点。经过更多的对比和研究,赫胥黎提出了一个假说:鸟类起源于恐龙。

● 赫胥黎像

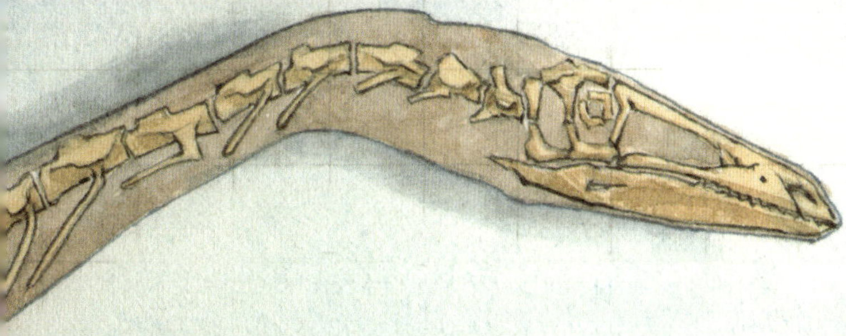

● "鸟类是恐龙的后裔"这个今天被广泛接受的观点最早由赫胥黎提出

赫胥黎天演論

赫胥黎是达尔文的忠实支持者，他著有《进化论与伦理学》一书。我国学者严复将其中的一部分翻译成中文，出版了《天演论》。"物竞天择，适者生存"的优胜劣汰论在中国家喻户晓。

● 严复翻译赫胥黎的《进化论与伦理学》，出版《天演论》

● 在中国辽宁建昌发现了一种早期的带羽毛恐龙,被命名为赫氏近鸟龙,这是对赫胥黎的纪念

赫氏近鸟龙

2009 年,我国恐龙学家徐星在辽宁建昌发现了一种生活在 1.6 亿年前的带毛恐龙化石,这是迄今发现的世界上最早的带毛恐龙化石。这种恐龙被命名为"赫氏近鸟龙","赫氏"正是对赫胥黎的纪念。

魏格纳——一生探险的科学家

● 1906年，魏格纳第一次去格陵兰岛探险

梦想中的格陵兰岛

阿尔弗雷德·魏格纳1880年出生于柏林。他从小就喜欢幻想和冒险，喜欢读探险家的故事，立志有朝一日到冰天雪地的格陵兰岛进行一次探险之旅。为了实现这个的愿望，他攻读了气象学。1905年，25岁的魏格纳获得气象学博士学位，第二年他就加入著名的丹麦探险队，踏上了梦想中的格陵兰岛。两年的极地考察生涯，不仅使他积累了大量野外经验，也使他获得了更多的地学资料。

如果说去冰天雪地的极地考察是一种探险，那么涉足自己专业外的另一个领域，并提出颠覆性的理论，无疑是人生中更大的冒险。

突然闪现的念头

1910 年，魏格纳得了重病。在病榻上，他凝望着挂在墙上的地图，意外地发现大西洋两岸的轮廓竟如此吻合，特别是巴西东端的直角突出部分与非洲西岸凹入大陆的几内亚湾。自此往南，巴西海岸每一个突出部分，恰好都对应着非洲西岸同样形状的海湾；相反，巴西海岸每一个海湾，非洲西岸都有一个突出部分与之对应。这位年轻的气象学家脑中突然闪现一个念头——南美洲和非洲以前是拼接在一起的。

● 在非洲西海岸和南美东海岸发现的淡水生物中龙的化石证明两块大陆曾经拼合在一起

远隔重洋的化石

1911 年，魏格纳开始搜集资料，验证自己的设想。他首先追踪了大西洋两岸的山系和地层，结果令人振奋：北美洲纽芬兰一带的褶皱山系与欧洲北部的斯堪的纳维亚半岛的褶皱山系遥相呼应，暗示北美洲与欧洲以前曾"亲密接触"。其次，非洲西部的古老岩石分布区（老于 20 亿年）可以与巴西的古老岩石区相衔接，而且二者的岩石构造也吻合。接下来，他又找到了古生物学方面的支持——在巴西和非洲西部发现了中龙化石。如果非洲和南美洲以前就被大海相隔，而这种淡水陆生爬行动物又不能远渡重洋，为何这两块大陆有同样的化石？

一张撕开的报纸

1912 年，魏格纳在法兰克福地质协会会议上正式提出大陆漂移说的理论。他做了一个很形象的比喻——如果两片撕碎的报纸，其参差的毛边可以拼接起来，且其上印刷的文字也能相互连接，我们就不得不承认这两片报纸是由一张撕开的。1915 年，魏格纳系统阐述了大陆漂移学说。

● 魏格纳的《海陆的起源》一书系统地阐述了大陆漂移学说

一生热爱探险

1919 年，魏格纳成为德国洪堡大学教授，然而他仍没有放弃钟爱的探险事业。1929 年，他率领探险队第三次到格陵兰岛探险，并建立了考察站。1930 年 11 月 1 日，他在返回考察站的途中遇难，而这一天正是他 50 岁的生日。魏格纳一生热爱探险，最终将生命留在了探险的路上，而他在地学领域的探险则为人们科学认识地球、认识我们脚下的这片大陆打开了求索的大门。他还留给后人一部不朽的地学著作——《海陆的起源》。

● 赫斯从普林斯顿大学的学者转为一名海军军官

赫斯——提出海底扩张学说的海军军官

被改变的人生

出生于纽约，毕业于著名的耶鲁大学，曾在普林斯顿大学工作，拥有这样履历的哈利·赫斯成为一名在科研领域卓有成就的科学家似乎顺理成章。然而战争的爆发改变了他的人生轨迹，他成了美国的一名海军军官。

军旅期间的重大发现

赫斯指挥美国军舰开普·约翰逊号在东太平洋上巡航,用声呐测深技术对洋底进行探测时,一种奇特的海底构造引起了他的注意:在大洋底部,有从海底拔起像火山锥一样的山体,它没有山尖,非常平坦。这种无头山让赫斯感到大惑不解。他发现,同样特征的海底平顶山,离洋中脊近的较为年轻,山顶离海面较近;离洋中脊远的,地质年代较久远,山顶离海面较远。

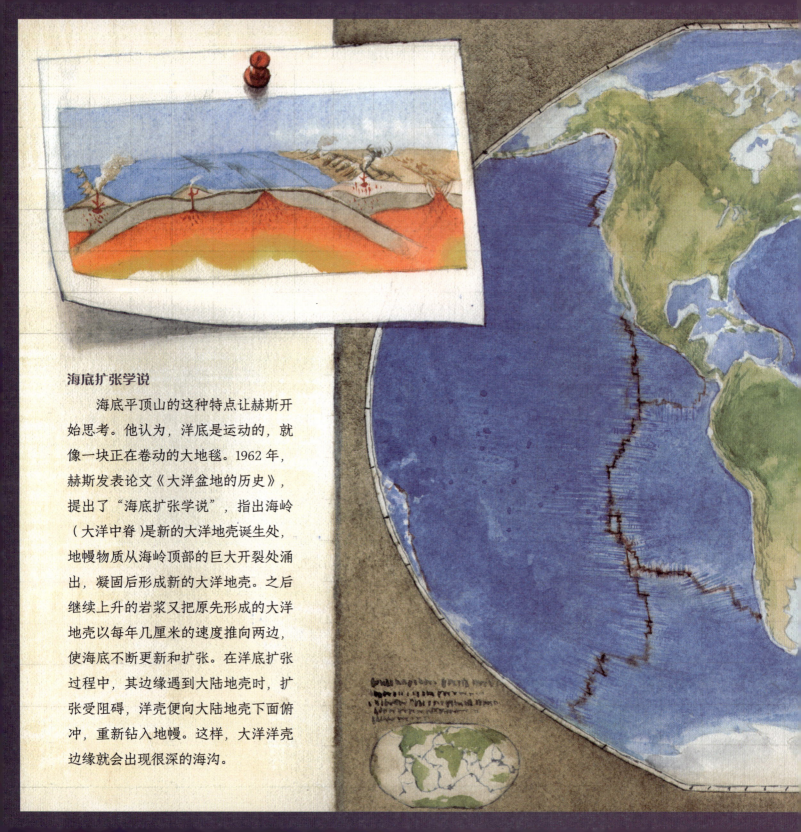

海底扩张学说

　　海底平顶山的这种特点让赫斯开始思考。他认为，洋底是运动的，就像一块正在卷动的大地毯。1962年，赫斯发表论文《大洋盆地的历史》，提出了"海底扩张学说"，指出海岭（大洋中脊）是新的大洋地壳诞生处，地幔物质从海岭顶部的巨大开裂处涌出，凝固后形成新的大洋地壳。之后继续上升的岩浆又把原先形成的大洋地壳以每年几厘米的速度推向两边，使海底不断更新和扩张。在洋底扩张过程中，其边缘遇到大陆地壳时，扩张受阻碍，洋壳便向大陆地壳下面俯冲，重新钻入地幔。这样，大洋洋壳边缘就会出现很深的海沟。

六大板块

后来,在海底扩张说的基础上,科学家又发展出了板块构造学说。学说认为地球的岩石圈不是整体的一块,而是被地壳的生长边界海岭和转换断层,以及地壳的消亡边界海沟和造山带、地缝合线等一些构造带,分割成了许多构造单元,这些构造单元叫作板块。全球的岩石圈分为亚欧板块、非洲板块、美洲板块、太平洋板块、印度洋板块和南极洲板块,共六大板块。

李四光——在石头中为祖国寻宝的人

● 李四光的名字是他自己在考场上起的

● 青年李四光在英国和导师去野外考察

因错得名

1889年，李四光出生在湖北黄冈的一个贫寒人家。14岁，他告别父母，独自来到武昌报考高等小学堂。其实他的原名是李仲揆，但报名时误将姓名栏当成年龄栏，写下了"十四"两个字。他将错就错，将"十"改成"李"，后面又加了个"光"字，"李四光"至此得名。

努力向学，蔚为国用

在李四光的早年求学生涯中，有两次留学经历。第一次是留学日本，学习船舶制造。辛亥革命后，随着袁世凯复辟帝制，李四光被迫再次踏上留学之路。这次，他奔赴更为遥远的英国，学习采矿和地质学，从此，他的人生就与石头为伴。

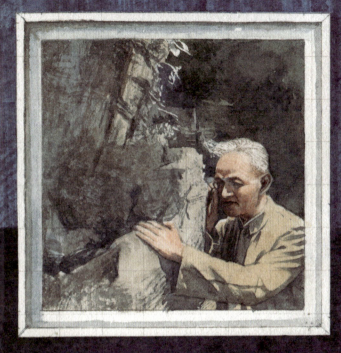
● 李四光踏遍祖国山山水水考察

毅然归国

1918年，在伯明翰大学拿到硕士学位的李四光婉拒了英国一家矿业公司的高薪聘请，毅然回国，在北京大学地质系担任教授。1928年，担任民国中央研究院地质研究所所长。在烽火四起的战争年代，李四光踏遍了祖国的山山水水，对地质构造和矿产、地质的关系做了细致的考察和深入的思考。

● 周恩来总理（右）与李四光探讨找油找矿问题

● 工人们欢庆大庆出油

不朽功勋

建国后，李四光提出了以力学观点研究地质构造和华夏构造体系的概念，并指出在我国华北和东北地区的三个构造沉降带中赋存石油的可能性。1956年，在李四光的主持下，石油普查勘探工作组先后发现了大庆、胜利、大港、华北、江汉等油田，从此摘下了中国"贫油"的帽子。

丰功伟绩

在为祖国寻找石油宝藏的同时，李四光还注意到地质构造与地震的关系，并成功预言了华北地区的多次强震。此外他提出的中国存在第四纪冰川的理论也被证实。

艰苦朴素

李四光的晚年生活很简单，饮食上不沾荤腥，衣着也很不讲究，甚至补丁摞补丁。1971年4月29日，82岁的李四光病逝，而他留下的最为像样的遗物则是他一生积攒的多本野外记录簿和一把锈迹斑斑的地质锤。